なぜ？がわかる！ にゃんこ大戦争 クイズブック

宇宙(うちゅう)のぎもん編

Gakken

CONTENTS

もくじ

6 …… 宇宙にまつわる用語

10 …… この本の見方

11 …… **ぎもん 01** 流れ星は、流れてどこに行くにゃ？　`その他の天体`

13 …… **ぎもん 02** ブラックホールの中に入るとどうなるにゃ？　`その他の天体`

15 …… **ぎもん 03** 月が地球に近づいているって本当にゃ？　`月`

17 …… **ぎもん 04** タイムマシンは本当につくれるにゃ？　`探査・開発`

19 …… **ぎもん 05** 太陽ってどうやってできたにゃ？　`太陽系・銀河系`

21 …… **ぎもん 06** なぜブラックホールは何でもすいこむにゃ？　`その他の天体`

23 …… **ぎもん 07** 宇宙行きのエレベーターができるって本当にゃ？　`探査・開発`

25 …… **ぎもん 08** 月って何でできてるにゃ？　`月`

27 …… **ぎもん 09** 月はいつできたにゃ？　`月`

29 …… **ぎもん 10** 地球も月も金星も、なぜ丸いにゃ？　`太陽系・銀河系`

31 …… **ぎもん 11** 人間は宇宙のどこまで行くことができたにゃ？　`探査・開発`

33 …… **ぎもん 12** 太陽があるのに、なぜ宇宙は暗いにゃ？　`宇宙全体`

35 …… **ぎもん 13** ブラックホールはどうしてできたにゃ？　`その他の天体`

37 …… **ぎもん 14** 宇宙ってどのくらい広いにゃ？　`宇宙全体`

39 …… **ぎもん 15** 昔、火星に火星人がいたって本当にゃ？　`太陽系・銀河系`

41 …… **ぎもん 16** 宇宙人はどんなすがたをしてるにゃ？　`宇宙全体`

43 …… **ぎもん 17** なぜ地球が太陽を回っているってわかるにゃ？　`太陽系・銀河系`

45 …… **ぎもん 18** 宇宙にいると、人間の体はどう変わるにゃ？　`探査・開発`

47 …… **ぎもん 19** 月にも人は住めるにゃ？　`月`

49	ぎもん 20	月が赤く見えることがあるのはなんでにゃ？	月
51	ぎもん 21	土星のリング（環）はなぜ外れないにゃ？	太陽系・銀河系
53	ぎもん 22	太陽の中心はどうなってるにゃ？	太陽系・銀河系
55	ぎもん 23	木星の衛星は、だれがいつ発見したにゃ？	太陽系・銀河系
57	ぎもん 24	銀河系を出てずっと進むとどうなるにゃ？	太陽系・銀河系
59	ぎもん 25	「UAP」ってどんな意味にゃ？	宇宙全体
61	ぎもん 26	月についた足あとは本当に消えないにゃ？	月
63	ぎもん 27	宇宙が広がっているって、なぜわかったにゃ？	宇宙全体
65	ぎもん 28	地球は将来太陽に飲みこまれるにゃ？	太陽系・銀河系
67	ぎもん 29	宇宙はどうやってできたにゃ？	宇宙全体
69	ぎもん 30	太陽は、実は「もえていない」って本当にゃ？	太陽系・銀河系
71	ぎもん 31	土星を水に入れたらうくって本当にゃ？	太陽系・銀河系
73	ぎもん 32	天王星は何年も夜が続くって、なんでにゃ？	太陽系・銀河系
75	ぎもん 33	宇宙船の中では、ろうそくの火はどうなるにゃ？	探査・開発
77	ぎもん 34	「地球の出」って何にゃ？	月
79	ぎもん 35	宇宙空間に望遠鏡があるって本当にゃ？	探査・開発
81	ぎもん 36	水星は太陽に近いのに寒くなるって、本当にゃ？	太陽系・銀河系
83	ぎもん 37	地球のように生き物がいる天体はあるにゃ？	宇宙全体
85	ぎもん 38	宇宙船の中では、なぜ体がうくにゃ？	探査・開発
87	ぎもん 39	ふつうの人も宇宙へ行けるにゃ？	探査・開発
89	ぎもん 40	木星はなぜしまもようにゃ？	太陽系・銀河系
91	ぎもん 41	「北斗七星」は、星座じゃないにゃ？	星座
	ぎもん 42	南の空にも、ひしゃくがあるにゃ？	星座

3

93	ぎもん43	流れ星はどうして流れるにゃ？	その他の天体
95	ぎもん44	暗い星は、近くで見ても暗いにゃ？	その他の天体
97	ぎもん45	人工衛星がこわれたらどうなるにゃ？	探査・開発
99	ぎもん46	太陽にはじゅみょうはないにゃ？	太陽系・銀河系
101	ぎもん47	なぜ、12星座は誕生日には見えないにゃ？	星座
103	ぎもん48	どうして月には空気がないにゃ？	月
105	ぎもん49	星空の暗いところには何もないにゃ？	その他の天体
107	ぎもん50	太陽以外にも自分で光る星はあるにゃ？	宇宙全体
109	ぎもん51	宇宙服にはどんな機能があるにゃ？	探査・開発
111	ぎもん52	太陽にある「黒点」って何にゃ？	太陽系・銀河系
113	ぎもん53	人工衛星同士はぶつからないにゃ？	探査・開発
115	ぎもん54	星座の形はずっと変わらないにゃ？	星座
117	ぎもん55	日本人で宇宙に行った人は何人いるにゃ？	探査・開発
119	ぎもん56	火星に行った人はいるにゃ？	探査・開発
121	ぎもん57	北極星ってなぜいつも真北にあるにゃ？	太陽系・銀河系
123	ぎもん58	空のどのくらいから宇宙空間になるにゃ？	宇宙全体
125	ぎもん59	「天の川」はなぜ、川のように見えるにゃ？	太陽系・銀河系
127	ぎもん60	星までのきょりはなぜわかるにゃ？	探査・開発
129	ぎもん61	人工衛星はなぜ落ちないにゃ？	探査・開発
131	ぎもん62	太陽系で太陽から一番遠い惑星はどれにゃ？	太陽系・銀河系
133	ぎもん63	太陽系の中で、土星だけにリング（環）があるにゃ？	太陽系・銀河系
135	ぎもん64	宇宙船の中ではどうやってねむるにゃ？	探査・開発
137	ぎもん65	国際宇宙ステーションは宇宙のどこにあるにゃ？	探査・開発

CONTENTS

139… **ぎもん 66** 星座っていくつあるにゃ？ `星座`

ぎもん 67 「黄道13星座」の星座はどれにゃ？ `星座`

141… **ぎもん 68** 太陽系以外の天体で、地球から見て一番明るいのはどれにゃ？ `その他の天体`

143… **ぎもん 69** どうしたら宇宙飛行士になれるにゃ？ `探査・開発`

145… **ぎもん 70** 太陽系の惑星の自転は必ず左回りにゃ？ `太陽系・銀河系`

147… **ぎもん 71** なぜ火星は赤く見えるにゃ？ `太陽系・銀河系`

149… **ぎもん 72** 金星は本当に金色にゃ？ `太陽系・銀河系`

151… **ぎもん 73** 宇宙人にあてた手紙があるって本当にゃ？ `宇宙全体`

153… **ぎもん 74** 宇宙で太陽光発電して地球に送るって本当にゃ？ `探査・開発`

155… **ぎもん 75** レンズのない望遠鏡があるって本当にゃ？ `探査・開発`

157… **ぎもん 76** 星はばく発することがあるって本当にゃ？ `その他の天体`

159… **ぎもん 77** 探査機「はやぶさ」は何をしてきたにゃ？ `探査・開発`

161… **ぎもん 78** 冥王星は、なぜ太陽系の惑星でなくなったにゃ？ `太陽系・銀河系`

163… **ぎもん 79** 青色や赤色の星があるのはなぜにゃ？ `その他の天体`

165… **ぎもん 80** 金環日食と皆既日食は何がちがうにゃ？ `太陽系・銀河系`

167… **ぎもん 81** 「星雲」は、本当に星が雲のように集まってるにゃ？ `その他の天体`

169… **ぎもん 82** 星座の星同士は本当に近くにあるにゃ？ `星座`

171… **ぎもん 83** ロケットは何のために打ち上げるにゃ？ `探査・開発`

173… **ぎもん 84** なぜ宇宙へは飛行機で行けないにゃ？ `探査・開発`

175… **ぎもん 85** 「引力」って何にゃ？ `宇宙全体`

177… **ぎもん 86** 月のもようの黒っぽいところは何にゃ？ `月`

179… **ぎもん 87** 地球の自転速度がおそくなってるのはなぜにゃ？ `太陽系・銀河系`

181… **ぎもん 88** 最も高性能な天体望遠鏡はどこにあるにゃ？ `探査・開発`

宇宙にまつわる用語

この本を読むときに、知っておくとわかりやすい言葉をまとめました。

天体の種類

🚀 恒星

太陽のように、自らかがやいている星のことを恒星といいます。星の内部でガスが「核融合」という反応をおこすために巨大なエネルギーが発生しています。夜空にかがやいているほとんどの星は恒星です。

🚀 準惑星、小惑星

準惑星は、太陽のまわりを回る、惑星よりも小型の天体です。自分で丸くなれるだけの質量をもちます。小惑星は数mから数十km程度の小さな天体で、いろいろな形があります。

🚀 惑星

恒星のまわりを回る、恒星よりも小さな天体です。地球も太陽のまわりを回る惑星です。惑星によって岩石からできているもの、ガスでできているもの、氷からできているものなどがあります。惑星は恒星からの光を反射してかがやいています。

🚀 衛星

惑星や準惑星、小惑星のまわりを回る小さな天体のことで、月は地球の衛星です。対して、人間が地球をはじめとした天体の軌道にロケットで打ち上げた人工物のことを、人工衛星といいます。

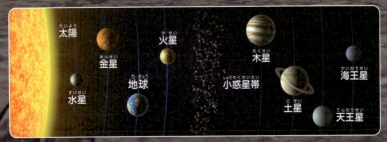

▲太陽のまわりには地球をふくめて8つの惑星が回っています。太陽と、そのまわりを回る天体のまとまりを「太陽系」といいます。

🚀 彗星

氷を含む天体で、大きさは数kmから数十kmです。太陽に近づくと、氷が溶けて長い尾ができます。彗星と同じ軌道をまわる砂粒の群れの帯の中を地球が通り抜けると、それらが地球の大気に衝突してかがやきます。これが流星群です。

🚀 隕石

宇宙にただよう小さな岩石のかけらなどが燃えつきずに天体に落ちると、隕石になります。

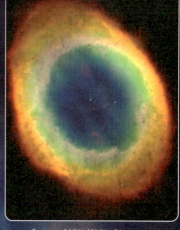

▲こと座にある惑星状星雲（M57）。
©NASA,STScI,ESA

🚀 銀河

ときには100兆個もの恒星とガスなどの星間物質からなる巨大な集合体です。円形のものや渦巻き型のものなど、形状によって10タイプほどに分類されます。地球のある太陽系は天の川銀河に属しています。

🚀 ブラックホール

質量が大きく光さえもすい込んでしまうため、肉眼では観察できず、何もない真っ暗な空間に見えます。銀河の中心には、特に大きなブラックホール（超大質量ブラックホール）があり、その質量は太陽の100万倍以上にもなります。

🚀 星雲

宇宙空間のガスやちりが濃く集まり、星の光でかがやいて雲のように見える天体です。その成り立ちによっていくつかに分類されます。新しい星が生まれる場所となっている星雲や、その逆に恒星の一生の終わりに、星の表面から出たガスが円形やドーナツ状に広がって光る惑星状星雲などがあります。また、濃いガスがその背後の光をさえぎって影のように見える場合は暗黒星雲とよばれます。

▲天の川銀河は棒渦巻き銀河に分類されます。

宇宙探査に関する用語

🚀 ボイジャー1号

木星と土星の探査のため、1977年にNASAが打ち上げた探査機です。1980年に土星のリング(環)の探査を終えたあと、太陽系外に向けて飛び続けています。地球から最も離れた場所を飛んでいる探査機で、2025年1月現在、地球から240億km以上離れたきょりにあります。

🚀 アポロ計画

1961年から1972年までアメリカ航空宇宙局(NASA)で進められていた「人類を月へ送る」という巨大プロジェクトです。アポロ11号に乗って月へ向かった宇宙飛行士が、1969年7月20日、世界で初めて月の表面に降り立ちました。

🚀 小惑星探査機「はやぶさ」、「はやぶさ2」

「はやぶさ」と「はやぶさ2」は日本のJAXAが開発した小惑星探査機です。「はやぶさ」は2005年に小惑星「イトカワ」に到達、「はやぶさ2」は2019年に小惑星「リュウグウ」に到達し、それぞれ小惑星の砂などのサンプルを地球に持ち帰りました。「はやぶさ」は、月以外の天体から砂などを持ち帰った世界で初めての探査機となり、注目を集めました。

🚀 ジェームズ・ウェッブ宇宙望遠鏡

NASAが2021年に打ち上げた赤外線観測用宇宙望遠鏡です。1990年から運用されていたハッブル宇宙望遠鏡の後継機で、ハッブル宇宙望遠鏡よりもさらに遠い宇宙の姿をとらえています。

🚀 国際宇宙ステーション(ISS)

人が長期間滞在できる巨大な人工衛星です。無重力に近い環境を利用して、地球上ではできない実験を行い、その成果を医療や科学の発展に役立てています。おもに実験を行う施設である「きぼう」日本実験棟はJAXAが開発しました。

▲月面に降り立った宇宙飛行士(バズ・オルドリン)。NASA

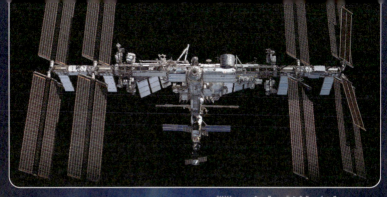

▲ISSは、NASA、JAXA、EASのほか、ロシアとカナダの宇宙研究機関とも共同で運用されています。 NASA

押さえておきたい用語

質量と重さのちがい

質量とは、物質にそなわった「動かしにくさ（物質そのものの量）」のことで、場所が変わっても変わりません。一方、重さとは「物質に働く、重力の大きさ」のことです。例えば地球では体重60kgの人は、重力の小さい月では体重が10kgになります。しかし、その人の質量が変わるわけではありません。

光年

とても遠いきょりを表すときに使う単位です。1光年は、光が1年間に進むきょりのことをさします。光は1秒間に30万km進みますから、1光年は約9兆4600億kmのことをさします。地球から太陽までのきょり（1億4960万km）を光年に直すと、0.00001581光年となります。分で表すと8分19秒のきょりです。

JAXA

宇宙航空研究開発機構（Japan Aerospace eXploration Agency）。日本最大の宇宙開発の研究所です。日本人宇宙飛行士もJAXAに所属しています。

NASA

アメリカ航空宇宙局（National Aeronautics and Space Administration）。アメリカ政府の宇宙研究所です。月に再び宇宙飛行士を送る「アルテミス計画」などを主導しています。

ESA

欧州宇宙機関（European Space Agency）。フランス、イギリス、イタリアなどをはじめとしたヨーロッパの国々が加盟している研究機関です。ロケットや人工衛星の開発などを行っています。

9

この本の見方

この本では、天体や星座、探査・開発など、
さまざまな宇宙に関するぎもんをクイズで紹介しています。
何問できるか、ぜひ挑戦してみてください。

クイズページ

ぎもんのテーマ
「月」「太陽系・銀河系」「その他の天体」「宇宙全体」「星座」「探査・開発」のどのテーマのぎもんかを表しています。

問題
宇宙に関するクイズです。

選択肢
3つの選択肢があります。
正しいと思うものを選んでください。
※この本では、地球や月など宇宙にあるもののことを「天体」、自分で光を発している恒星のことを「星」としています。

答えページ

ページをめくると

答え
クイズの答えです。

解説
答えを、文章とイラストでくわしく解説しています。

豆知識
さらにくわしい解説や、クイズに関係する話を紹介しています。

実際の答えはその目で確かめてみよう！

| 月 | 太陽系・銀河系 | **その他の天体** | 宇宙全体 | 星座 | 探査・開発 |

ぎもん 01

流れ星は、流れてどこに行くにゃ？

流れ星は流れて夜空を横切っていくけど、
その先はどこまで流れていくにゃ？

答えはどれだと思う？ 次の3つの中から選んでね。

1 地球にうまって、マグマになるにゃ。

2 地球を横切り、宇宙の果てに行くにゃ。

3 もえてなくなってしまうにゃ。

答えは次のページ ➡

3 ほとんどの流れ星が、もえてなくなってしまうにゃ。

　宇宙をただよっているちりなどが、地球の大気に飛びこんできて光るのが流れ星です。ちりは、大気とこすれ合って高温になり、もえ出します。そして、大気の中を進みながら、やがてもえつきてなくなってしまいます。ですから流れ星が流れた後に、地面の上まで落ちてくることはありません。

　しかし、小惑星のかけらなどのなかでも大きな破片が大気中に飛びこんできたときは、大気中でもえつきずに、いん石として地上まで落ちてくることがあります。

流れ星。あっという間に流れる。

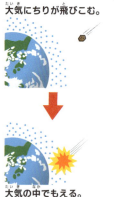

大気にちりが飛びこむ。

大気の中でもえる。

　尾を引いたまま夜空で光るすい星は、流れ星のようには速く動いていないにゃ。すい星の正体は岩と氷のかたまりにゃ。太陽に近づくと、氷がとけてたくさんのちりを放ち、尾を引くにゃ。

| 月 | 太陽系・銀河系 | **その他の天体** | 宇宙全体 | 星座 | 探査・開発 |

ぎもん 02

ブラックホールの中に入るとどうなるにゃ？

ブラックホールの先には、いったい何があるにゃ？
すいこまれたら、どうなっちゃうにゃ？

答えはどれだと思う？　次の3つの中から選んでね。

 1 ブラックホールの一部になるにゃ。

 2 宇宙の外へ出るにゃ。

3 猛スピードではき出されるにゃ。

13　答えは次のページ ➡

1 ブラックホールに入ったら、その一部になるにゃ。

　ブラックホールは、真っ暗な天体です。うすいゴムのシートをはって、その真ん中をへこませたような形をしている世界と考えられています。

　そして、真ん中のへこんだ先に「特異点」というところがあります。特異点は、重力が無限大の強さになっているところです。もし、ブラックホールにすいこまれたら、その特異点に向かっていき、二度と外に出ることはできません。

　地球や太陽のような星でも、バラバラになって中心の1点にすいよせられていき、ブラックホールの一部になると考えられています。

ブラックホールが、星をすいこむイメージ。

ブラックホールにすいこまれる星のガスの一部は、巨大な平たい円ばんの形をつくり、その上下から強力な「プラズマジェット」となってふき出るにゃ。

絵：NASA

| 月 | 太陽系・銀河系 | その他の天体 | 宇宙全体 | 星座 | 探査・開発 |

ぎもん 03

月が地球に近づいているって本当にゃ？

月って、いつも同じように空にうかんで見えるにゃ。
近づいているなんて感じられないにゃ……。

答えはどれだと思う？ 次の3つの中から選んでね。

1 本当にゃ。少しずつ近づいているにゃ。

2 うそにゃ。きょりは変わらないにゃ。

3 うそにゃ。ぎゃくに遠ざかっているにゃ。

答えは次のページ

3 うそにゃ。年に約3.8cmずつ遠ざかっているにゃ。

　月と地球のきょりは変わらないように見えますが、実は1年に約3.8cmずつ、月は地球から遠ざかっています。
　現在の月は、地球から約38万4000kmはなれたところにあって、地球を回っています。でも月が誕生した約46億年前には、地球と月とのきょりは約1万5000kmくらいでした。これは現在の約25分の1にあたる近さです。月が地球を1周する時間も速く、約5時間くらいでした。
　その後、月は少しずつ地球から遠ざかり続け、今でも遠ざかり続けています。

　月が遠ざかる理由には、月の引力が関係してるにゃ。月の引力は、地球の海水の満ち引きにも関係するにゃ。月の方向へ向いた海は、海水が月に引きつけられるから満潮になるにゃ。

| 月 | 太陽系・銀河系 | その他の天体 | 宇宙全体 | 星座 | 探査・開発 |

ぎもん 04

タイムマシンは本当につくれるにゃ？

未来の地球に行けるとか、1万光年先の星に1年で行けるとか、そんな夢のような乗り物って本当につくれるにゃ？

答えはどれだと思う？ 次の3つの中から選んでね。

1 すでに1号機ができているにゃ。

2 理くつではつくれるにゃ。

3 つくれないにゃ。それは無理にゃ。

2 理くつでは、タイムマシンはつくれるにゃ。

　物理学者のアインシュタインが1905年に発表した、「特殊相対性理論」によると、タイムマシンをつくれます。高速の宇宙船に乗って旅行をしているとき、宇宙船の外にいる人から見ると、宇宙船の中の時間はゆっくり進んでいることになります。反対に、宇宙船の中では時間がおくれるのです。

　たとえば光の速さ（秒速約30万km）に近い秒速29.7万kmくらいの速さの宇宙船で20年間、旅をして帰ってくると、乗っていた人の時間は3年くらいしかたっていません。つまり、乗っていた人は、17年先の未来に来たことになるのです。しかし、こんなに速い乗り物をつくれる見こみはまだまったく立っていません。

光速で旅をしていた人は、未来へ来たことになる。

　実際にジェット機に時計を乗せ、世界一周したときの時間をはかったとき、ジェット機の時計の方が地上の時計よりほんの少しおくれていたという実験結果があるにゃ。

| 月 | 太陽系・銀河系 | その他の天体 | 宇宙全体 | 星座 | 探査・開発 |

ぎもん 05

太陽ってどうやってできたにゃ？

明るくあたたかい光を地球に送ってくれる太陽は、いったいどうやって誕生したにゃ？

答えはどれだと思う？ 次の3つの中から選んでね。

1 火の玉銀河がもとになってできたにゃ。

2 引力で、ガスが集まってできたにゃ。

3 宇宙火山のばく発でできたにゃ。

19

答えは次のページ ➡

2 引力でガスやちりが集まって誕生したにゃ。

　宇宙空間にただようガスやちりが、雲のように集まったところを「星間分子雲」といいます。約46億年前、ある星間分子雲のこいところに、さらにガスやちりが引きよせられ始めました。それらは自分の重力で回転しながらちぢみ始め、円ばんのような形になりました。円ばんの中心はさらにちぢみ、そこに球体の原始太陽が誕生しました。
　原始太陽の中では、水素がヘリウムという物質に変わる「核融合」という反応が起き始めました。原始太陽は核融合によって、やがて強い熱とエネルギーを出して光り始めました。こうして、今のような太陽になったのです。

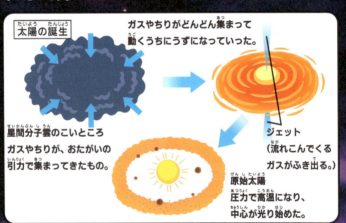

太陽の誕生

星間分子雲のこいところ
ガスやちりが、おたがいの引力で集まってきたもの。

ガスやちりがどんどん集まって動くうちにうずになっていった。

ジェット（流れこんでくるガスがふき出る。）

原始太陽
圧力で高温になり、中心が光り始めた。

原始太陽を中心に、回転する円ばんのふちにあたるところでは、ガスやちりがぶつかり合い、かたまりができたにゃ。それが地球などの惑星になったにゃ。

| 月 | 太陽系・銀河系 | **その他の天体** | 宇宙全体 | 星座 | 探査・開発 |

ぎもん 06

なぜブラックホールは何でもすいこむにゃ？

ブラックホールは何もかもすいこむらしいにゃ。
光までもすいこむというけど、なぜにゃ？

答えはどれだと思う？　次の3つの中から選んでね。

1 重力がものすごく強いからにゃ。

2 想像できないほどの強風がふくからにゃ。

3 暗くて落としあなになっているからにゃ。

答えは次のページ ➡

① ブラックホールはとても重く、重力が強いからにゃ。

　ブラックホールに変身する星は、太陽の30倍以上も重い星です。ブラックホールになるときに、星は中心に向かってちぢんでいきます（→36ページ）。どこまでもどこまでもちぢんでいくので、重力はどんどん強くなっていきます。そしてこれ以上強い力はないというくらい、最強の重力をもってブラックホールは誕生します。

　その重力は、どんどんものを引きよせてしまいます。ブラックホールの上でライトをつけても、光はブラックホールの中心へ引きよせられて、出られなくなります。だからブラックホールは暗くて見えないのです。ブラックホールの重力は、光さえとじこめてしまうほど強いのです。

地球の重力は、人が立っていられて、ものが地面に落ちるていどの重力。光がすいよせられることはない。

ブラックホールの重力は、人はもちろん、光までも中心に引きよせるほど強い。

ブラックホールは大きさのわりにとても重い天体にゃ。もしブラックホールが地球と同じ重さだとしたら、直径約2cmくらいの大きさになるにゃ。

| 月 | 太陽系・銀河系 | その他の天体 | 宇宙全体 | 星座 | 探査・開発 |

ぎもん 07

宇宙行きのエレベーターができるって本当にゃ？

宇宙は地球のどんな高いビルよりもずっと上の方にあるけど、エレベーターなんかで行けるにゃ？

答えはどれだと思う？ 次の3つの中から選んでね。

1 うそにゃ。エレベーターでは無理にゃ。

2 うそにゃ。エスカレーターと階段で行くにゃ。

3 本当にゃ。計画が進められているにゃ。

答えは次のページ ➡

3 宇宙へ行く、宇宙エレベーターをつくる計画があるにゃ。

　人工衛星と地球をつなぐ「宇宙エレベーター」をつくる計画が、立てられています。

　それによると、エレベーターをつなぐのは、「静止衛星」という、地球の自転に合わせて地球を回っている人工衛星です。上空3万6000kmを飛んでいます。その静止衛星にステーション（駅）をつくり、地球からエレベーターでつなげれば、人が簡単にステーションのある宇宙へ行けるようになるのです。

　宇宙エレベーターには、「カーボンナノチューブ」という、鉄の数百倍じょうぶだといわれる、最強の素材が使われることになっています。実現したらすごいですね。

↑宇宙エレベーター想像図

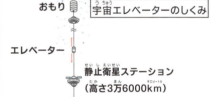

1991年、カーボンナノチューブ（ダイヤモンドと同じくらいかたい物質）が日本の企業で発見されたことで、宇宙エレベーターの可能性が高まったにゃ。

絵：NASA

| 月 | 太陽系・銀河系 | その他の天体 | 宇宙全体 | 星座 | 探査・開発 |

ぎもん 08

月って何でできてるにゃ？

夜空の月は黄色く光っているけど、まさか金ではできていないにゃ？

答えはどれだと思う？ 次の3つの中から選んでね。

1 地球のばく発でできた宝石にゃ。

 2 地球にはないレアメタルにゃ。

3 地球とほぼ同じ岩石にゃ。

25

答えは次のページ ➡

3 地球のかけらでできたとも考えられているにゃ。

　月の表面は、地球にもある約100種類の岩石（鉱物）でおおわれています。それらは、地球の「マントル」にある物質とよくにているため、月は地球のかけらからつくられたという説もあるのです。誕生して間もない地球に、火星くらいの大きさの天体がぶつかり、そのときに飛び散ったマントルのかけらが合体して、月になったと考えられています（→28ページ）。

　そして月の内部も、地球と同じようなつくりをしていると考えられています。中心部には金属の「核（コア）」というものがあり、そのまわりには、「マントル」があるとされています。核の一部は液体になっているとされています。しかし、月の調査はむずかしく、はっきりしたことは、まだよくわかっていません。

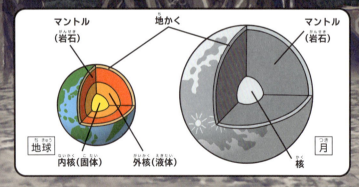

　月には玄武岩という岩石がたくさんあるにゃ。これは粉にして熱すると固くじょうぶになるから、建築材料として使うことができるにゃ。月に人が移住したときに役立つかもしれないにゃ。

| 月 | 太陽系・銀河系 | その他の天体 | 宇宙全体 | 星座 | 探査・開発 |

ぎもん 09

月はいつできたにゃ？

地球は約46億年前に誕生したにゃ。月は地球の近くにある天体だけど、できたのは、地球とどちらが先にゃ？

答えはどれだと思う？ 次の3つの中から選んでね。

1 地球が誕生する約5000万年前にゃ。

2 地球が誕生した約5000万年後にゃ。

3 今から約5000万年前にゃ。

答えは次のページ ➡

答え 2 地球が誕生してから約5000万年後にゃ。

　月は、地球が誕生してから約5000万年後にできたと考えられています。どのように月が誕生したのかは、4つの説が考えられています。
　1つは、地球に火星くらいの天体がぶつかって地球のはへんが飛び散り、そのはへんが集まってできたという説（巨大衝突説）。2つめは、別のところでできた月が地球との引力で引きよせられたという説（捕獲説）。3つめは、地球の一部がちぎれて月になったという説（親子分裂説）。4つめは、太陽系ができたときに地球といっしょに生まれたとする説（双子説）です。この中でも、特に有力なのは巨大衝突説です。

■有力と考えられる「巨大衝突説」

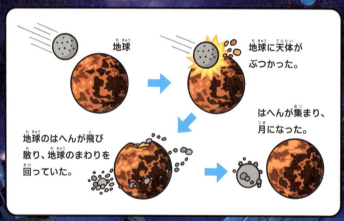

地球

地球に天体がぶつかった。

地球のはへんが飛び散り、地球のまわりを回っていた。

はへんが集まり、月になった。

　月は、地球の大きさの約4分の1、重さは約81分の1の衛星にゃ。ほかの惑星に対する衛星の大きさは10分の1、重さは1000分の1くらいが多いから、月はほかの衛星とくらべて大きい衛星といえるにゃ。

| 月 | 太陽系・銀河系 | その他の天体 | 宇宙全体 | 星座 | 探査・開発 |

ぎもん 10

地球も月も金星も、なぜ丸いにゃ？

惑星だけでなく、星はほとんどみんな球の形にゃ。
どうしてさいころや、お皿のような形にならないにゃ？

答えはどれだと思う？ 次の3つの中から選んでね。

1 強い引力で、でこぼこがならされるからにゃ。

2 空気とのまさつですりへったからにゃ。

3 星同士ぶつかり合ってけずれたからにゃ。

答えは次のページ ➡

1 引力が強くて、表面がならされていくからにゃ。

　地球も月も金星も、みんな宇宙のちりからできました。宇宙のちりが集まりぶつかり合っては合体して大きくなったのです。
　もの同士が引きつけ合うのは引力があるからです（→176ページ）。引力は、中心からどの方向にも同じ力で引きよせます。ですから、中心からどの方向にも等しい球の形になっていくのです。また、かわいたすなで山をつくると、くずれてしまいますね。引力によって飛び出たところはやがてくずれて、へこんだところはうまっていきます。地球も月も金星も、とても引力が強いため、表面がならされ、ボールのような丸い形になっているのです。

丸い形になるわけ

引力はどの方向にも等しく働くので、丸い形（球）になる。

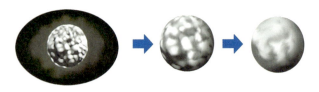

　直径が300km以下の小さな惑星は、引力が弱いため、球の形にはならないにゃ。地球は自転による遠心力で、少しだけ赤道のまわりが太く、わずかにだ円の形にゃ。

| 月 | 太陽系・銀河系 | その他の天体 | 宇宙全体 | 星座 | **探査・開発** |

ぎもん 11

人間は宇宙のどこまで行くことができたにゃ？

天体はみな遠いけれど、人類はちょう戦を続けているにゃ！
これまでにどこまで行くことができたにゃ？

答えはどれだと思う？ 次の3つの中から選んでね。

1 火星にゃ。

2 太陽にゃ。

3 月にゃ。

31

答えは次のページ ▶

答え

3 人類が行けたのは、まだ月までにゃ。

　人類がこれまでに行くことができたのは、地球から最も近い天体である月までです。1961年、アメリカで「月面への有人宇宙船着陸計画」が立てられ、1969年に成功しました。月は地球から平均約38万kmはなれています。これは地球を9周半回るのと同じきょりです。地球と月を往復するのに約185時間（約8日）かかりました。

　このとき月へ行ったのは、宇宙船アポロ11号に乗った3人の飛行士です。アポロ11号は巨大ロケット「サターン」によって打ち上げられて、月へ着陸しました。その後1972年までに6回、計12人の宇宙飛行士が月へ行っています。

アポロ11号を積んだロケット「サターン」。

月面に立ったアポロ11号の飛行士。

無人探査機では、アメリカの打ち上げた「ボイジャー1号」が、土星を探査後、太陽から245億km以上はなれて、今も太陽系の外側に向けて飛んでいるにゃ（2024年10月現在）。

写真：NASA

| 月 | 太陽系・銀河系 | その他の天体 | **宇宙全体** | 星座 | 探査・開発 |

ぎもん 12

太陽があるのに、なぜ宇宙は暗いにゃ?

太陽の光が当たっている昼間は、地球では明るいのに、どうして宇宙は暗いにゃ?

答えはどれだと思う? 次の3つの中から選んでね。

1 太陽しか明かりがないからにゃ。

2 光を反射する空気がないからにゃ。

3 宇宙の空気は黒い色をしているからにゃ。

33

答えは次のページ ▶

2 宇宙には、光を反射する空気などがないから暗いにゃ。

　わたしたちが明るいと感じるのは、まわりのものに当たった光が、反射したり散らばったりして目に入ってくるからです。光は当たるものがないとまっすぐ通過してしまい、わたしたちの目に入ってきません。それで、ほとんど何もない宇宙空間は、暗いのです。

　わたしたちの住む地球には、空気があり、細かいちりがたくさんうかんでいます。それに地面や海もあります。それらに反射した光が、わたしたちの目に入ってくるため明るく感じているのです。暗い箱の中を光で照らしてみましょう。ほこりがまっていると、光のすじが見えますが、ほこりがないと、光のすじは見えません。それと同じことです。

光がものに当たると明るい。　光が当たるものがないと暗い。

　宇宙に空気が少ないから、地球から月や近くの惑星にレーザーやレーダーを当てれば、近くの天体までの距離をはかることができるにゃ。もし空気がいっぱいあったら、レーザーやレーダーが吸収されて、うまく距離がはかれないにゃ。

| 月 | 太陽系・銀河系 | **その他の天体** | 宇宙全体 | 星座 | 探査・開発 |

ぎもん 13

ブラックホールはどうしてできたにゃ？

何でもすいこんでしまうというブラックホール。
いったいどのようにしてできるにゃ？

答えはどれだと思う？　次の3つの中から選んでね。

1 巨大な星がなくなり、あながあいたにゃ。

2 巨大な星同士がぶつかってできたにゃ。

3 巨大な星が一生を終えた後できたにゃ。

35

答えは次のページ

3 巨大な星が一生を終えると、ブラックホールになるにゃ。

　ブラックホールは、太陽の30倍以上もの重さの恒星が、ばく発を起こした後にできる天体です。恒星は、中心で核融合（→70ページ）という反応を起こし、熱や光を外に向かって出しています。その反応を起こす物質がなくなると、外へ向かう力が小さくなります。すると今度は、中心に向かって大きな力がかかっていき、どんどん重力が大きくなっていきます。

　やがて星の中が不安定になり、大ばく発（超新星爆発）を起こします。その後、中心にひじょうに重力の大きい天体が残されます。これがブラックホールです。

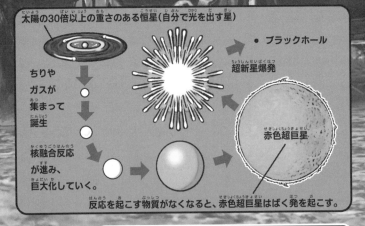

太陽の30倍以上の重さの恒星は一生の最後に「恒星質量ブラックホール」になるにゃ。そのほか、太陽の重さの数万倍もある「中間質量ブラックホール」や、銀河の中心にある「超巨大ブラックホール」も発見されているにゃ。

| 月 | 太陽系・銀河系 | その他の天体 | 宇宙全体 | 星座 | 探査・開発 |

ぎもん 14

宇宙ってどのくらい広いにゃ?

宇宙の果ては見えないけど、いったいどこまで広がっているにゃ?

答えはどれだと思う? 次の3つの中から選んでね。

1 東京ドーム100兆こ分にゃ。

 2 光が470億年かかってとどくきょりにゃ。

3 新幹線で1兆年かかるきょりにゃ。

37

答えは次のページ

2 光が470億年かけてとどく広さで、まだ広がってるにゃ。

　今、地球にとどいている一番遠くからの光は、138億光年先からのものです。宇宙は138億年前に誕生して、それからずっと広がり続けています。そして138億年前の光が地球にとどくまでの、この138億年間も、宇宙はたえ間なく広がり続けていたのです。

　そう考えると、138億光年先で光を出した星は、今ではもっとずっと先にあるということになります。宇宙が広がっているということは、星同士もはなれていっているということだからです。計算すると、470億光年はなれたところにあることになります。つまり現在宇宙の果ては470億光年先にあるのです。光が470億年かかって行きつくことができるきょりです。宇宙はそんなにも広いのです。

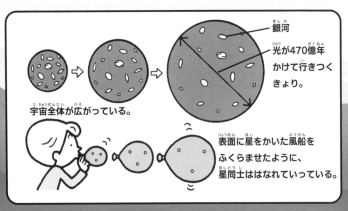

宇宙全体が広がっている。

銀河
光が470億年かけて行きつくきょり。

表面に星をかいた風船をふくらませたように、星同士ははなれていっている。

星が出した光は地球にとどくまでに時間がかかるため、わたしたちは星の今のすがたを見ているわけではないにゃ。太陽は8.19分前、北極星は430年前のすがたにゃ。

| 月 | 太陽系・銀河系 | その他の天体 | 宇宙全体 | 星座 | 探査・開発 |

ぎもん 15

昔、火星に火星人がいたって本当にゃ？

火星は、地球に一番近い惑星にゃ。
地球に人類がいるように、火星人がいてもおかしくないにゃ？

答えはどれだと思う？ 次の3つの中から選んでね。

1 本当にゃ。1万年前にぜつめつしたにゃ。

2 うそにゃ。いたのはネズミにゃ。

3 うそにゃ。火星人と信じられただけにゃ。

答えは次のページ

答え

3 うそにゃ。火星人がいるとごかいされただけにゃ。

　1877年、イタリアの天文学者スキャパレッリが、火星に、細いすじの模様がたくさんあるのに気づきました。そのすじは人工的につくられたものに見えたため、「運河をつくる火星人がいる」と考えました。
　その後、アメリカの天文学者ローウェルも、自分で天文台をつくって観測を続け、火星人がいると主張しました。運河をつくれるくらいだから高い知能を持つと考えたのです。
　しかし20世紀になって、火星に探査機が行くようになり、火星人はいないことがわかりました。そこに液体の水はなく、運河に見えたものは、深い谷や見まちがいだったのです。

火星
深い谷が運河のひとつだと考えられた。

ローウェルのかいた"運河"のスケッチ。

スキャパレッリ

ローウェル

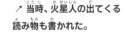

当時、火星人の出てくる読み物も書かれた。

火星の石に、微生物の化石と思われるものが発見されてるにゃ。さらに新たな探査の結果、氷をふくむ土が発見されたにゃ。火星での生物の発見に関心が集まっているにゃ。

写真：NASA

| 月 | 太陽系・銀河系 | その他の天体 | **宇宙全体** | 星座 | 探査・開発 |

ぎもん 16

宇宙人はどんなすがたをしてるにゃ？

マンガや映画では、いろんな宇宙人がでてくるにゃ。
でも、本当の宇宙人は、どんなすがたにゃ？

答えはどれだと思う？ 次の3つの中から選んでね。

1 何ともいえずわからないにゃ。

2 タコに似て、あしがたくさんあるにゃ。

3 人間そっくりで、見分けがつかないにゃ。

41

答えは次のページ ➡

1 宇宙人のすがたについては、何ともいえないにゃ。

　宇宙人とは、地球以外の天体にすむ、知的能力をもつ生き物のことです。アメリカでは、「頭と目が大きく、体の色がグレイ（はい色）の宇宙人を見た！」というさわぎがおこったため、このタイプの宇宙人は「グレイ型宇宙人」とよばれるようになりました。ほかにも、人間にそっくりな宇宙人や、人の形をした爬虫類タイプの宇宙人を見た、という人もいます。

　このように、宇宙人を見た、という話は世界中にありますが、どれも、本当の話だと科学的にたしかめられたわけではありません。宇宙人は本当にいるのか、いるとしても、地球とは異なる環境なので、実際にどんなすがたをしているのかは、まだわかっていません。

宇宙人がどんなすがたなのか、今のところだれにもわからない。

19世紀、火星人の存在が話題になったにゃ。火星は重力が小さくて大気がうすいので、火星人はひょろひょろとして空気をすいこむところが大きい、タコのようなすがただと考えられたにゃ。

| 月 | 太陽系・銀河系 | その他の天体 | 宇宙全体 | 星座 | 探査・開発 |

ぎもん 17

なぜ地球が太陽を回っているってわかるにゃ?

ふつうにくらしてたら、地球が太陽のまわりを回っているのか、太陽が地球のまわりを回っているのかわからないにゃ。

答えはどれだと思う? 次の3つの中から選んでね。

1 人工衛星から地球を見てわかったにゃ。

2 雲が流れる様子からわかったにゃ。

3 金星の様子を見てわかったにゃ。

43

答えは次のページ

3 金星が変化する様子を見て気づいたにゃ。

　昔、天体はすべて地球のまわりを回っていると考えられていました。しかし約500年前、ポーランドの天文学者コペルニクスが、初めて「地球が太陽のまわりを回っている」と発表しました。その後、イタリアの天文学者ガリレオが、望遠鏡で観測し、金星に満ち欠けがあることに気づきました。地球のまわりを金星が回っていたら、欠けることはないはずです。さらに観測をすると、金星は大きくなったり小さくなったりしていました。そこでガリレオは、太陽を中心に金星と地球が動いているから、金星が欠けたり小さくなったりするということに気づいたのです。それで、地球も金星も太陽のまわりを回っている、ということがわかったのです。

金星が満ち欠けし、大きさが変わることは、太陽、金星、地球が、図のような関係になっているとしないと、説明がつかない。

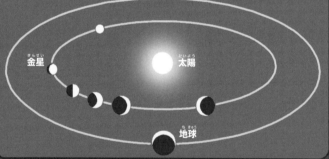

　その後、ドイツの天文学者ケプラーが、地球や金星などの惑星の軌道は、かならずしも円ではなく、円、またはだ円だということをつきとめたにゃ。

| 月 | 太陽系・銀河系 | その他の天体 | 宇宙全体 | 星座 | 探査・開発 |

ぎもん 18

宇宙にいると、人間の体はどう変わるにゃ？

宇宙の無重力空間にいると、人間の体には、何か変化があるにゃ？

答えはどれだと思う？ 次の3つの中から選んでね。

1 身長がちぢむにゃ。

2 おしっこがたくさん出るにゃ。

3 頭がよくなるにゃ。

答えは次のページ

2 おしっこがたくさん出るなど、宇宙では体が変化するにゃ。

　地球には重力があるため、体中の液体は下の方にたまりやすくなります。しかし、無重力では、上半身にも下半身にも同じ量の水分（体液や血）が流れます。水分が重力で下半身にたまることがないからです。上半身はいつもより水分が多くなって、顔が丸くなります。すると脳は体の中の水分が多くなっているとかんちがいします。そのため、水分を体からへらそうとして、おしっこがたくさん出るのです。

　反対に下半身は水分がいつもより少なくなるので、足が細くなります。さらに無重力の状態では、体をささえなくてもよいため、じょうぶな骨やしっかりした筋肉は必要ありません。すると骨や筋肉がだんだん弱くなってしまいます。それをふせぐため、宇宙飛行士は宇宙船の中でもしっかり運動しています。

　宇宙に行って、水分でふくらんだ顔は月のように丸くなることから「ムーンフェイス」とよぶにゃ。細くなった足は鳥のようだから「バードレッグ」とよぶにゃ。

| 月 | 太陽系・銀河系 | その他の天体 | 宇宙全体 | 星座 | 探査・開発 |

ぎもん 19

月にも人は住めるにゃ？

地球から一番近い天体「月」。
宇宙飛行士が行ったこともあるんだから、人が住めないかにゃ？

答えはどれだと思う？ 次の3つの中から選んでね。

1 空気や水がないので住めないにゃ。

2 ロケットが往復できれば住めるにゃ。

3 月の地下にもぐれば住めるにゃ。

47　答えは次のページ ➡

1 空気や水がないので今のままでは住めないにゃ。

　月には、空気や液体の水がないため、今のままでは人は住めません。しかし月には、わたしたちの役に立つ鉱物や、エネルギーをつくれる物質がたくさんあると考えられています。また、月の内部には氷があると考えられています。それらを使って、建築材料や酸素、液体の水をつくることができれば、人は住めるかもしれません。

　今のところ、月で住むのに一番いい場所は月の北極と南極と考えられています。太陽光が長時間当たるから、太陽光発電ができるし、地球と太陽が見えて安心感もあるからです。人が住むのによい場所を選んで、建物や食料などの必要なものが用意できれば、人が月に移住する日がくるかもしれません。

もし月に住むなら極地に基地をつくる。

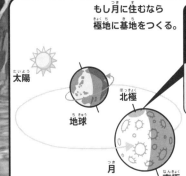

建物の中には、水と空気を用意し、外では宇宙服を着る。

重力が地球の6分の1の月で育てた野菜は、地球で育てた野菜の6倍の大きさになる可能性があるにゃ。そんな大きな野菜がスーパーで売られる日がくるかもしれないにゃ。

| 月 | 太陽系・銀河系 | その他の天体 | 宇宙全体 | 星座 | 探査・開発 |

ぎもん 20

月が赤く見えることがあるのはなんでにゃ？

いつもは白っぽい色の月が、なぜ赤く見えることがあるにゃ？

答えはどれだと思う？ 次の3つの中から選んでね。

1 月で夕焼けが起きてるからにゃ。

2 月には、赤い面と白い面があるからにゃ。

3 地球にとどく光が弱いと、赤く見えるにゃ。

答えは次のページ ➡

3 低い位置の月からとどくのが弱い光だからにゃ。

月が赤く見えるのは朝日や夕日が赤く見えるのと同じです。月も太陽と同じで、低い位置にあるとき、赤っぽく見えます。太陽の光には、青い光や赤い光など、いろいろな色の光がまざっています。月も太陽の光を反射して光っているので、その光にも同じようにいろいろな光がまざっています。

月が地平線の近くにあるとき、月の光が通る空気の層はあつくなります。すると、空気中のちりは、月が真上にあるときよりも、光を多くはね返してしまいます。しかしその中で、はね返されにくい光の色があります。それは赤です。赤い光だけが空気を通過してくるため、月は赤っぽく見えるのです。

月が高い位置にあるときは、月の光が通ってくる空気の層はうすい。いろいろな光が見える。

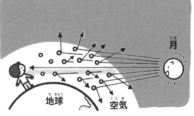

月が低い位置にあるときは、光が通ってくる空気の層があつい。赤い光だけが通過してくる。

ペットボトルなどに入れた水に牛乳を少したらして白っぽくして、そこにライトを当てると、光が赤っぽく見えるにゃ。これは赤以外の光がはね返されてしまうからにゃ。

| 月 | 太陽系・銀河系 | その他の天体 | 宇宙全体 | 星座 | 探査・開発 |

ぎもん 21

土星のリング（環）はなぜ外れないにゃ？

土星にはフラフープのようにリングがついているにゃ。
外れることはないにゃ？

答えはどれだと思う？　次の3つの中から選んでね。

1 石や氷が回っているので外れないにゃ。

2 空気でういているので外れないにゃ。

3 ときどき外れるけど、また元にもどるにゃ。

答えは次のページ

1 リング（環）の正体の石や氷が、土星とつり合ってるにゃ。

　土星のリングは、地球からは板のように見えますが、実は石や氷のかけらなどが、たくさん集まったものです。地球のまわりを月が回っているように、それらが土星のまわりを回っているのです。

　回っているものには、外側へ向かおうとする「遠心力（→176ページ）」が働きます。石や氷のかけらにも遠心力が働いていますが、同時に土星との間に「引力」も働いています。遠心力と引力とがつり合っているため、リングが外れることはありません。

近くで見ると、リングは、岩石、氷などがたくさん集まったものであることがわかる。（イメージ図）

土星
望遠鏡で見ると、リングは板のように見える。

土星のリングはかたむいているから、地球から見ると15年ごとに丸くなったり細長くなったりするにゃ。リングが真横になったときは、消えて見えなくなることもあるにゃ。

写真／絵：NASA

| 月 | 太陽系・銀河系 | その他の天体 | 宇宙全体 | 星座 | 探査・開発 |

ぎもん 22

太陽の中心はどうなってるにゃ？

太陽は、表面から強い熱と光を出しているけど、じゃあ中はどうなっているにゃ？

答えはどれだと思う？　次の3つの中から選んでね。

1 大きな空どうになっているにゃ。

2 大ばく発が起き続けているにゃ。

3 かたい岩石でできているにゃ。

答えは次のページ

2 中心では大ばく発が起きていて、なんと1600万度にゃ。

　太陽は、主に水素とヘリウムからできている巨大なガスのかたまりです。内側へいくほど、ガスは重力におしちぢめられ、圧力が高く、温度も高くなっています。中心にある「中心核」では、熱と光を出す反応が起きて、大ばく発が起き続けています。温度は表面より約2600倍も高くて1600万度もあります。

　中心核でできた熱と光がそのまわりの放射層にたまり、さらにそのまわりをうねるようにして表面へと運ばれていきます。そして表面では6000度になり、宇宙空間に熱と光を放出しています。中心核で発生した熱と光が表面に出てくるまで、10万年以上かかります。

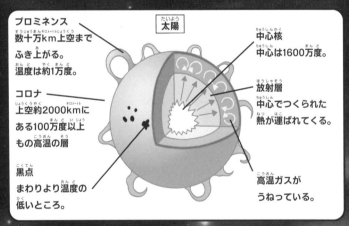

太陽

プロミネンス
数十万km上空まで
ふき上がる。
温度は約1万度。

コロナ
上空約2000kmにある100万度以上もの高温の層

黒点
まわりより温度の低いところ。

中心核
中心は1600万度。

放射層
中心でつくられた熱が運ばれてくる。

高温ガスが
うねっている。

太陽の表面の温度は6000度だけど、太陽の大気層より上空にあるコロナは、100万度以上もの高温になっているにゃ。なぜここまで温度が上がるのかはまだわかっていないにゃ。

| 月 | 太陽系・銀河系 | その他の天体 | 宇宙全体 | 星座 | 探査・開発 |

ぎもん 23

木星の衛星は、だれがいつ発見したにゃ？

地球のまわりを月が回っているように、木星のまわりも衛星（→132ページ）が回っているにゃ。だれが発見したにゃ？

答えはどれだと思う？ 次の3つの中から選んでね。

1 ニュートンが1665年に発見したにゃ。

2 ノーベルが1867年に発見したにゃ。

3 ガリレオが1610年に発見したにゃ。

55

答えは次のページ ➡

3 ガリレオが1610年、自作の望遠鏡で発見したにゃ。

今から400年以上も前の1610年、イタリアの科学者ガリレオが、木星のまわりを回る衛星を4こ発見しました。これが最初の発見です。ガリレオは、自分で天体望遠鏡をつくって星の観測に使っていました。この望遠鏡で木星を見ていて、片側や両側に天体がならんで光っているのに気づきました。続けて観測していると、この天体のならび方が変わることから、それらが木星のまわりを回る衛星だとわかったのです。

それらはイオ、エウロパ、ガニメデ、カリストと名づけられました。ガリレオが発見したことから、ガリレオ衛星ともよばれています。

天体のならび方が変わることから、木星を回っていることに気づいた。

ガリレオ・ガリレイ
（1564年〜1642年）

木星は2024年9月現在95この衛星があるとされているにゃ（公式の数は72こ）。でも、まだ発見されていない衛星も数多くあると考えられているにゃ。

| 月 | 太陽系・銀河系 | その他の天体 | 宇宙全体 | 星座 | 探査・開発 |

ぎもん 24

銀河系を出てずっと進むとどうなるにゃ?

太陽系のある銀河系(天の川銀河)を飛び出したら、そこにはどんな世界が広がっているにゃ?

答えはどれだと思う? 次の3つの中から選んでね。

1 真っ暗で何もない宇宙が続くにゃ。

2 ほかにもいろいろな銀河に出合うにゃ。

3 黒い大きなかべにぶつかるにゃ。

57

答えは次のページ ➡

2 いろいろな銀河を通りながら進むにゃ。

　銀河系（天の川銀河）の外に出ると、そこにはまた別の銀河があります。銀河の数は1000億こ以上と考えられています。ですから、銀河系を出たら、いろいろな銀河を見ながら進んでいくことになります。

　銀河が散らばった宇宙のさらに先は、まだどうなっているかわかりません。今、宇宙が誕生してから138億年とされています。そのため宇宙の中で一番遠くから地球にとどく光があるとすれば、宇宙が誕生したときに発せられた光です。それより遠くからは、光がとどかないため、知ることができません。

いろいろな銀河

宇宙全体に散らばっている銀河は、引力の働きでおたがいに引きつけ合っているから、群れのように集まっているにゃ。それを銀河群、または銀河団というにゃ。

| 月 | 太陽系・銀河系 | その他の天体 | **宇宙全体** | 星座 | 探査・開発 |

ぎもん 25

「UAP」ってどんな意味にゃ？

「UAP」は「UFO」に変わって出てきた言葉にゃ。英語の頭文字だけど、どんな意味かわかるかにゃ？

答えはどれだと思う？ 次の3つの中から選んでね。

1　「宇宙人の乗り物」にゃ。

2　「空を飛ぶ、光る物体」にゃ。

3　「空でおこる、正体不明の現象」にゃ。

答えは次のページ

③ UAPは「空でおこる、正体不明の現象」という意味にゃ！

UAPは「Unidentified Aerial Phenomena（未確認空中現象）」の頭文字です。正体不明の空飛ぶ物体や、原因がわからない発光現象などをまとめてよぶときに使う言葉です。

少し前までは「UFO：Unidentified Flying Object（未確認飛行物体）」という言葉が使われていましたが、説明ができない現象をひきおこすのは物体だけとは限りません。そこで2021年にアメリカ国家情報長官室が新たな言葉を考え出したのです。

アメリカではこれまでに、アメリカ軍の飛行機のパイロットや海軍などからたくさんのUAPの目撃情報が報告されています。

→2013年、プエルトリコの上空でアメリカの航空機のセンサーがとらえた謎の物体。正体不明なので「UAP」だといえる。

(The appearance of U.S. Department of Defense (DoD) visual information does not imply or constitute DoD endorsement.)

UAPと略す言葉には「Unidentified Anomalous Phenomena：未確認異常現象」もあるにゃ。これは空に限らず、水中や宇宙も対象にした言葉で、正体がわからない現象のことを広く指すにゃ。

写真：アメリカ国防総省

| 月 | 太陽系・銀河系 | その他の天体 | 宇宙全体 | 星座 | 探査・開発 |

ぎもん 26

月についた足あとは本当に消えないにゃ？

1969年、アポロで月へ着陸した宇宙飛行士が残した足あとは、今どうなっているにゃ？

答えはどれだと思う？　次の3つの中から選んでね。

1 本当にゃ。すごいしめってるからにゃ。

 2 本当にゃ。風がふかないからにゃ。

 3 うそにゃ。強い風がふくので消えるにゃ。

61

答えは次のページ ➡

② 本当にゃ。空気がないので風がふかないにゃ。

　月には空気がないから、風がふきません（風は空気が動いて起こります）。だから月面につけた足あとは、ずっとそのまま残ります。

　2011年にNASA（アメリカ航空宇宙局）の月面探査機がとった写真には、その42年前（1969年）に宇宙飛行士の残した月面着陸のあとが写っていました。

　地球では、雨や風を受けて、岩や山の形は少しずつ変わるけれど、水も空気もない月の景色は、特別なことがないかぎり、長い時間がたっても変わりません。しかし、月にも宇宙からいん石が落ちてくることがあります。もし足あとの上にいん石が落ちたら、足あとは消えてしまいます。

1969年につけられた月面の足あと。「一人の人間にとっては小さな1歩だが、人類にとっては大きな1歩」といわれる、歴史的なできごとだった。

音は空気をふるわせて伝わり、それが相手の耳にとどいて聞こえるにゃ。でも月には空気がないから、音が聞こえないにゃ。また、空気に乗って飛ぶ紙飛行機も、月では飛ばないにゃ。

写真：NASA

| 月 | 太陽系・銀河系 | その他の天体 | **宇宙全体** | 星座 | 探査・開発 |

ぎもん 27

宇宙が広がっているって、なぜわかったにゃ？

宇宙の果ては見えないのに、なぜ広がっていることがわかるにゃ？

答えはどれだと思う？ 次の3つの中から選んでね。

1 星の光を調べていたらわかったにゃ。

 2 ロケットが飛ぶ時間が長くなったからにゃ。

 3 100年前の宇宙写真と見くらべたにゃ。

63

 答えは次のページ ➡

1 星の色の変化で星が遠ざかっているとわかったにゃ。

　アメリカの天文学者ハッブルが、望遠鏡で星雲の観測をしていたときのことです。銀河系（天の川銀河）の外側にたくさんの銀河があり、それぞれが遠ざかっていることに気づいたのです。それは銀河の中にある星ぼしが出す光が赤っぽくなっていたからです。

　光には波の性質があり、その波の長さ（波長という）によって色が変わるのです。光の波長は、光源（光を出しているもの）が遠ざかるほど長くのびます。そして波長が長くなると、色は赤っぽくなります。反対に、光源が近づくと波長が短く、色は青っぽくなります。このことから、宇宙は風船がふくらむように広がっていることがわかったのです。

光源が近づくと、光の波のはばがちぢみ、色は青っぽくなる。

光源が遠ざかると、光の波のはばが広がり、色は赤っぽくなる。

宇宙が膨張すると、銀河も地球から遠ざかっていき、遠い銀河からとどく光ほど赤くなるにゃ。これを利用して、宇宙の膨張のスピードから逆算すれば、遠い銀河の距離をはかることができるにゃ。

| 月 | 太陽系・銀河系 | その他の天体 | 宇宙全体 | 星座 | 探査・開発 |

ぎもん 28

地球は将来太陽に飲みこまれるにゃ？

地球からはるか遠くはなれた太陽が、
地球を飲みこんでしまうなんてことがあるにゃ？

答えはどれだと思う？　次の3つの中から選んでね。

1 そうにゃ。地球と太陽は近づいてるにゃ。

2 たぶんそうだと考えられてるにゃ。

3 うそにゃ。地球と太陽は遠ざかってるにゃ。

65　答えは次のページ ➡

約50億年後、巨大な太陽に飲まれるかもしれないにゃ。

　太陽は、内部にある水素を使って「核融合」という反応を起こし、熱や光を出しています（→70ページ）。しかし約50億年後には、内部の水素をほとんど使いきってしまいます。その後は外側にある水素が使われ、太陽の表面近くで核融合が起こるようになります。すると太陽は今よりも大量のエネルギーを出し始めて、どんどんふくれ上がっていきます。そして巨大化した太陽は、水星や金星ばかりでなく、地球をも飲みこんでしまうと考えられています。

　しかし、そうなったとしても、それはまだずっと先のことです。

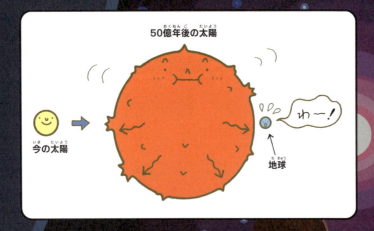

太陽は11年ごとに活動が活発になったり静かになったりするにゃ。近年、太陽表面でのばく発時にあらわれる黒点の数がふつうより多いため、活動が活発になっている時期だといわれているにゃ。

| 月 | 太陽系・銀河系 | その他の天体 | **宇宙全体** | 星座 | 探査・開発 |

ぎもん 29

宇宙はどうやってできたにゃ？

そもそも宇宙って、いつ、どんなふうに誕生したにゃ？

答えはどれだと思う？ 次の3つの中から選んでね。

1 何もないところからばく発してできたにゃ。

2 別の宇宙が2つにわかれたにゃ。

3 巨大なブラックホールがぶつかってできたにゃ。

答えは次のページ ➡

答え

1 何もないところから大ばく発が起きてできたにゃ。

今、宇宙は広がっています（→64ページ）。ということは、ぎゃくに時間を過去へさかのぼれば、昔の宇宙は小さかったことになります。計算すると、138億年前には目に見えないくらい小さな点だったことになります。ここに宇宙の全物質が集まっていて、超高温の火の玉のような状態だったと考えられます。

一番有力な宇宙誕生の説によると、何もなかった状態から、火の玉のようなものが大ばく発して宇宙が誕生しました。これを「ビッグバン」といいます。それから宇宙はふくらみ、大きくなりながら冷えていきました。その途中で星や銀河が生まれ、今の宇宙ができたと考えられています。

ビッグバンは、ひとりでに起きたのか、何かのきっかけがあって起きたのかはわかっていないにゃ。これから同じようなことが起こるのかどうかもわかってないにゃ。

| 月 | 太陽系・銀河系 | その他の天体 | 宇宙全体 | 星座 | 探査・開発 |

ぎもん 30

太陽は、実は「もえていない」って本当にゃ？

太陽の光は明るくて熱くて、大きなほのおのかたまりじゃないにゃ？

答えはどれだと思う？ 次の3つの中から選んでね。

1 うそにゃ。もえにもえているにゃ。

2 本当にゃ。1000年前にもえつきたにゃ。

3 本当にゃ。もえるための酸素がないにゃ。

答えは次のページ

3 太陽には、もえるための酸素がないにゃ。

　もえるというのは、ものが酸素とはげしく結びついて熱や光を出す反応です。でも太陽は水素という物質でできていて、まわりに酸素はないから、地上のほのおのようにもえているわけではないのです。太陽の中心では、圧力が2400億気圧、密度は水の160倍、温度は1600万度もあります。そこは熱くて、とても強い力でぎゅっとつぶされている状態です。そのため、水素同士が結びついて「ヘリウム」という物質に変わるという反応が起きています。この反応を「核融合」といいます。核融合のとき、ばく大な光と熱を出すため、もえているようにかがやいて見えます。

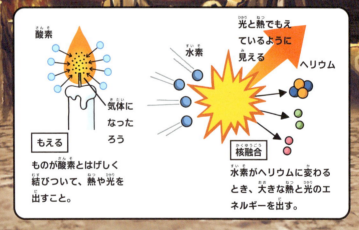

もえる	核融合
ものが酸素とはげしく結びついて、熱や光を出すこと。	水素がヘリウムに変わるとき、大きな熱と光のエネルギーを出す。

　太陽の核融合のときに反応する水素は、地球上で一番小さくて軽い物質にゃ。水素の核融合によってできたヘリウムは、風船などに入れることもある、水素の次に軽い物質にゃ。

| 月 | 太陽系・銀河系 | その他の天体 | 宇宙全体 | 星座 | 探査・開発 |

ぎもん 31

土星を水に入れたらうくって本当にゃ？

土星を水に入れることなんて無理にゃ。
でも、とてつもなく大きな水そうがあったとしたら、どうなるにゃ？

答えはどれだと思う？ 次の3つの中から選んでね。

1 本当にゃ。水より軽いのでうくにゃ。

2 うそにゃ。水より重いのでしずむにゃ。

3 うそにゃ。水にとけてしまうにゃ。

71

答えは次のページ ➡

1 本当にゃ。土星はガスでできていて、軽いのでうくにゃ。

　もし土星をプールに入れることができたら、土星はぷかぷかういてしまいます。それは土星が水よりも軽いからです。土星と同じ大きさの入れ物に入れた水と、土星の重さをくらべたら、土星の方が軽いのです。

　土星がなぜ軽いかというと、土星をつくっている物質のほとんどが水素やヘリウムという軽いガスだからです。ヘリウムは、風船を空に飛ばすときに入れる、空気より軽いガスです。そして、水素はヘリウムよりももっと軽いガスなのです。土星の中心には、岩石や鉄、氷でできた「核」があり、水よりも重いけれど、核のまわりのガスの方がずっと大きいのです。だから土星は水よりも軽いのです。

土星は多くの衛星をもっているにゃ。代表的な衛星に、生き物が存在する可能性のあるタイタンや、氷でおおわれたエンケラドスなどがあるにゃ。

| 月 | 太陽系・銀河系 | その他の天体 | 宇宙全体 | 星座 | 探査・開発 |

ぎもん 32

天王星は何年も夜が続くって、なんでにゃ？

夜とは太陽が見えないことにゃ。
なんで天王星では太陽が何年も見えなくなるにゃ？

答えはどれだと思う？ 次の3つの中から選んでね。

1 20年に1回転しか自転しないからにゃ。

2 ほぼ直角にかたむいて太陽を回るからにゃ。

3 太陽からどんどんはなれてるからにゃ。

答えは次のページ ➡

2 ほぼ直角にかたむいて太陽を回っているからにゃ。

　地球は太陽に対して横向きに回っていて（自転）、1回転が約24時間です。ですからそのうち半分の12時間は太陽が見えます。しかし天王星は太陽に対してほぼ直角にかたむいて自転しています。太陽に対してたて向きに回転しているということです。これが、夜が長い原因です。どんなに回転しても太陽に向いていない側はずっと日光が当たらず、夜のままだからです。

　天王星が太陽を1周する（公転）には約84年もかかります。そのため、自転軸の近くでは夜の期間が約42年間、そして昼の期間が約42年間続きます。

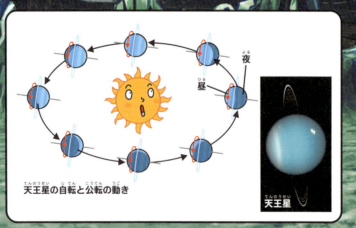

天王星の自転と公転の動き

天王星

　天王星は、大きな氷の惑星にゃ。大気にはメタンをたくさんふくんでいるにゃ。メタンは、太陽光の赤い色をすいこみ、青や緑の色を反射するから、青緑色に見えるにゃ。

写真：NASA

| 月 | 太陽系・銀河系 | その他の天体 | 宇宙全体 | 星座 | **探査・開発** |

ぎもん 33

宇宙船の中では、ろうそくの火はどうなるにゃ？

宇宙船の中は無重力の状態にゃ。ものの重さがなくなってういちゃうけど、ろうそくのほのおの形はいったいどうなるにゃ？

答えはどれだと思う？ 次の3つの中から選んでね。

1 とげとげだらけのほのおになるにゃ。

2 ものすごく長いほのおになるにゃ。

3 ほのおの上の方が丸くなるにゃ。

75　答えは次のページ ➡

3 重力がないから、ほのおは上に向かわず丸くなるにゃ。

ろうそくのほのおが細長くなるのは、ほのおによって温められたまわりの空気が、軽くなって上っていくからです。ほのおは上っていく空気の流れに引っぱられて上の方にのばされ、細長い形になっています。ところが宇宙船の中は「無重力」です。無重力だと重さがなくなるので、空気が軽いとか重いとかいうことがありません。そうすると、ほのおのまわりの空気が「軽くなる」こともないので、上っていかないのです。それで宇宙船の中では、空気に引きずられてほのおが上の方にのびることもなく、丸いほのおになるのです。

熱せられた空気が上へ行く。
ろうの気体がよくもえる。
ろうが気体になる。
地上でのほのお

無重力状態でのほのお

無重力では、ほのおは丸い。火力は弱く、青白くなる。

軽い空気が上ったあと、下に重い空気が流れこむという流れが、無重力では起きないにゃ。ものがもえるとは、もとと酸素が結びつくことにゃ。無重力では酸素が流れこみにくいからもえにくく、ほのおは弱く青白くなるにゃ。

写真：NASA

| 月 | 太陽系・銀河系 | その他の天体 | 宇宙全体 | 星座 | 探査・開発 |

ぎもん 34

「地球の出」って何にゃ？

ある宇宙飛行士が宇宙船から「地球の出」を見たにゃ。
地球はどこかから出てくるにゃ？

答えはどれだと思う？　次の3つの中から選んでね。

1 月の地平線から地球がのぼる様子にゃ。

2 地球が太陽系の外へ出ていくことにゃ。

3 地球が、月や太陽のかげから出ることにゃ。

答えは次のページ ➡

1 宇宙から見た、月の地平線から地球がのぼることにゃ。

「日の出」は、地球の地平線から太陽がのぼる様子ですが、「地球の出」とは月を周回する宇宙船などから見た、月の地平線から地球がのぼる様子です。1968年にアポロ8号の宇宙飛行士が、初めて地球の出をさつえいしました。月の地平線の上に青い地球がうかんでいる写真から、この表現が使われるようになりました。世界の人びとは、月から見る地球が青く、美しいことに感動しました。この写真は、「史上最も影響力のあった環境写真」にも選ばれました。

日本の月探査機かぐやは、「地球の出」の写真だけでなく、ハイビジョン映像での動画さつえいにも成功しています。

月から見た地球は、地球から見た月よりも、直径が4倍近く大きい。宇宙で見る地球の美しさは、たとえようがないといわれる。

アポロ8号は3人の宇宙飛行士を乗せ、月を10周して帰ってきたにゃ。これは、史上初のことだったにゃ。このときに初めて、月の裏側の様子をくわしく知ることができたにゃ。

写真：NASA

ぎもん 35

宇宙空間に望遠鏡があるって本当にゃ？

望遠鏡は、ふつう地球から宇宙を見るものにゃ。
望遠鏡が宇宙を飛ぶなんてことがあるにゃ？

答えはどれだと思う？　次の3つの中から選んでね。

1 本当にゃ。宇宙飛行士が落としたにゃ。

2 本当にゃ。望遠鏡の人工衛星があるにゃ。

3 うそにゃ。飛ばしたけど、落ちてきたにゃ。

答えは次のページ

答え 2

望遠鏡の役目をもつ人工衛星が、地球のまわりを回っているにゃ。

　1990年にアメリカから、「ハッブル宇宙望遠鏡」という人工衛星が打ち上げられました。今も地球のまわりを飛びながら、宇宙観測を続けています。とった写真のデータは、電波にして地球に送っています。日本が打ち上げた、望遠鏡の役目をもつ人工衛星もあり、太陽を観測したり、宇宙地図をつくったりしています。

　宇宙では、地上のように、大気や天候にじゃまされることなく、はるか遠い天体もはっきり観測することができます。宇宙望遠鏡によって、今まで見られなかった天体も観測できるため、星の誕生や銀河の進化などのなぞが次つぎと解明されています。

↑ハッブル宇宙望遠鏡

←↓ハッブル宇宙望遠鏡のとらえた星雲。

←しょうとつする銀河。

ハッブル宇宙望遠鏡は少しずつ古くなってきているにゃ。その次につくられた「ジェームズ・ウェッブ宇宙望遠鏡（→182ページ）」がかつやくしてるにゃ。

写真：NASA

| 月 | 太陽系・銀河系 | その他の天体 | 宇宙全体 | 星座 | 探査・開発 |

ぎもん 36

水星は太陽に近いのに寒くなるって、本当にゃ？

水星は、太陽系の中で太陽に一番近い惑星にゃ。
寒くなることなんてあるのかにゃ？

答えはどれだと思う？ 次の3つの中から選んでね。

1 うそにゃ。つねに5000度をこえるにゃ。

2 本当にゃ。水の星なのでいつも寒いにゃ。

3 本当にゃ。夜はものすごく寒いにゃ。

81

答えは次のページ ➡

3 本当にゃ。昼は暑いけど、夜はものすごく寒くなるにゃ。

　水星は太陽に近いため、地球の約7倍も熱と光のエネルギーを受けています。そのため昼間の気温が400度まで上がります。しかし、夜は－160度まで下がって極寒の世界になってしまいます。なぜでしょう？それは水星には大気がないからです。そして夜が長いからです。

　水星の大きさは地球の5分の2です。大気を引きよせる「引力（→176ページ）」が弱いため、大気がほとんどありません。そのため、大気で昼間の熱をたもつことができません。さらに水星の自転はおそいため、夜が88日間も続きます。その間ずっと太陽の光を受けないので、地球の冬より寒くなってしまうのです。

↑水星。たくさんのクレーターがある。

水星は自転がおそく、太陽のまわりを2周する間に3回しか回転しないにゃ。太陽のまわりを回る向きと自転の向きが同じなので、いちど夜になると、夜の時間が長く続くにゃ。

写真：NASA

| 月 | 太陽系・銀河系 | その他の天体 | **宇宙全体** | 星座 | 探査・開発 |

ぎもん 37

地球のように生き物がいる天体はあるにゃ？

広い宇宙には無数の天体があるにゃ。
どこかに生き物がすんでいる天体があってもふしぎではないにゃ？

答えはどれだと思う？ 次の3つの中から選んでね。

1 あると考えられているにゃ。

2 あるにゃ。宇宙人に会った人もいるにゃ。

3 ないにゃ。地球は「きせきの星」にゃ。

83

答えは次のページ ➡

1 地球のほかの天体にも、生き物がいる可能性が高いにゃ。

　光や熱を出している「恒星」に生物はすめませんが、恒星のまわりを回る「惑星」に液体の水があったら、そこには生き物がすんでいるかもしれません。恒星に近すぎる惑星では、水は蒸発して気体になってしまい、遠すぎるとこおってしまいます。表面で水が液体でいられる、恒星からちょうどよいきょりの地帯を、「ハビタブルゾーン（すむことのできる場所）」といいます。太陽系では地球がこの地帯に入っています。
　たとえば太陽系から約1400光年はなれた恒星・ケプラー452のハビタブルゾーンには、地球とにた惑星（ケプラー452b）があります。大気や水もあると考えられるため、そこには生き物がいてもおかしくないといわれています。

木星の衛星エウロパや、土星の衛星エンケラドスは、ハビタブルゾーンに入ってはいないにゃ。でも、地下に液体の水があるらしいことから、生き物がいる可能性があると考えられているにゃ。

| 月 | 太陽系・銀河系 | その他の天体 | 宇宙全体 | 星座 | **探査・開発** |

ぎもん 38

宇宙船の中では、なぜ体がうくにゃ？

宇宙船の中では体だけじゃなく、なんでもういてしまうらしいにゃ。どうしてにゃ？

答えはどれだと思う？ 次の3つの中から選んでね。

1 引力と遠心力がつり合っているからにゃ。

2 宇宙船の中には引力がないからにゃ。

3 宇宙船の中には空気がないからにゃ。

85

答えは次のページ ➡

1 宇宙船の中は、引力と遠心力がつり合い、無重力だからにゃ。

地球には引力があるので、ものは地面に落ち、体がうくこともありません。宇宙船の中にも引力はありますが、地球からはなれているため、その力は地上にくらべて弱いです。また、宇宙船は秒速7.9kmの速さで地球を回っているため、遠心力（→176ページ）という、外側へ向かう力が働いています。宇宙船の中の宇宙飛行士には、地球からの引力と、地球からはなれようとする遠心力の両方の力がかかっています。この2つがつり合っているために、「無重力」の状態になるのです。だから宇宙船の中では、体もまわりのものもみんなうくのです。

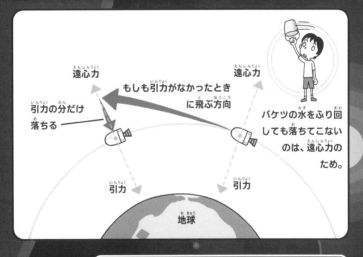

引力は、遠くはなれたもの同士でも、弱くはなるけど働いているにゃ。太陽から最もはなれた惑星の海王星にも太陽の引力が働いて、164年9か月かけて公転してるにゃ。

| 月 | 太陽系・銀河系 | その他の天体 | 宇宙全体 | 星座 | 探査・開発 |

ぎもん 39

ふつうの人も宇宙へ行けるにゃ？

みんなも宇宙に行きたいにゃ？
宇宙はだれでも行くことができるにゃ？

答えはどれだと思う？ 次の3つの中から選んでね。

1 行けないにゃ。特別な能力が必要にゃ。

2 行けるにゃ。ただし20〜40さいまでにゃ。

3 行けるにゃ。ツアーが組まれてるにゃ。

87

答えは次のページ ➡

3 行けるにゃ。宇宙ツアーが組まれ始めているにゃ。

　旅行会社では、宇宙旅行のツアーを組んで参加者をぼ集しています。そのツアーに参加すれば、ふつうの人でも宇宙へ行けるのです。
　例えば気球で行くツアーです。人がふだん着のままカプセルに乗り、巨大気球でつり上げてもらう、高度30kmから地球をながめることができるツアーです。正確にはまだ宇宙とはいえない高さですね。
　他には、ジェット機で高度16kmまで行き、そこからロケットを発射させて高度80kmの宇宙空間（米国空軍による定義）に行くツアーです。約4分間の無重力体験ができます。ただし、ツアー参加前に訓練が必要です。

最初はジェット機。

宇宙旅行「スペースツアーズ」の想像図

真ん中だけ分かれて飛び出す。

宇宙へ。

飛行機で行くツアーでは、途中からロケットを使うにゃ。このロケットは音が空気中を伝わる速さ（秒速約340m）の3倍の速さで飛ぶにゃ。時速3700kmに近い速さにゃ。

協力：クラブツーリズム・スペースツアーズ／画像提供：ヴァージンギャラクティック社

| 月 | 太陽系・銀河系 | その他の天体 | 宇宙全体 | 星座 | 探査・開発 |

ぎもん 40

木星はなぜしまもようにゃ?

木星は、茶色と白の横じまもようにゃ。
しまもようは何にゃ?

答えはどれだと思う? 次の3つの中から選んでね。

1 ガスが、高速回転しているからにゃ。

2 土の成分が場所ごとにちがうからにゃ。

3 白いところでは雪がふっているからにゃ。

答えは次のページ

1 木星はガスでできていて、高速回転しているからにゃ。

　木星は、大部分が水素やヘリウムのガスでできた惑星です。地球よりずっと速く自転しているため、ガスや大気に大きな流れができています。木星には赤道と平行に、西風がふいている地帯と東風がふいている地帯が交ごにあります。それがしまもように見えるのです。

　大気にはアンモニアの雲がういています。このアンモニアの雲のつぶの大きさや雲のあつさがちがうため、色がちがって見えるのです。また、茶色いところは気圧（大気が地表をおす力）が低く、白いところは気圧が高くて、温度も高くなっています。目玉のようなもようは「大赤斑」とよばれ、そこではあらしが起こっています。

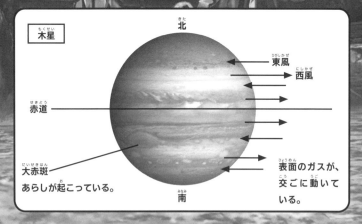

木星 / 北 / 東風 / 西風 / 赤道 / 大赤斑 あらしが起こっている。/ 南 / 表面のガスが、交ごに動いている。

木星でも地球のようにオーロラができることがあるにゃ。これは木星の南北の極地が地球と同じように磁石になっていて、「磁力」があるからにゃ。そこに太陽からのプラズマが流れこむにゃ。

写真：NASA

| 月 | 太陽系・銀河系 | その他の天体 | 宇宙全体 | 星座 | 探査・開発 |

ぎもん 41

「北斗七星」は、星座じゃないにゃ？
「北斗七星座」っていわないのは、何でにゃ？

答えはどれだと思う？ 次の3つの中から選んでね。

1. 新しい星座で、名前がまだないにゃ。

2. おおぐま座の一部で、星座じゃないにゃ。

3. 1万年後には北斗八星になるにゃ。

ぎもん 42

南の空にも、ひしゃくがあるにゃ？
北斗七星みたいな星のならびが南の夜空にもあるって、ほんとにゃ？

答えはどれだと思う？ 次の3つの中から選んでね。

1. あるにゃ。6個の星からできてるにゃ。

2. あるにゃ。「南斗七星」というにゃ。

3. ないにゃ。ひしゃくは北の空にしかないにゃ。

答えは次のページ ➡

2 北斗七星は日本や中国での名前で、おおぐま座の一部だからにゃ。

「斗」は「ひしゃく」という意味です。北の空にあって、7つの星がひしゃく形にならんでいるので、日本や中国では北斗七星やひしゃく星とよばれています。しかし、世界共通の星座では、「おおぐま座」にふくまれ、この7つの星は、おおぐまの背中からしっぽにあたる星のならびなのです。

おおぐま座と北斗七星。

北斗七星は、一年中見ることができるにゃ。だから、方角を知りたいときや、星座を探すときの手がかりになるにゃ！

1 あるにゃ。「南斗六星」とよばれているにゃ。

南斗六星は6つの星がひしゃくのような形にならんでいます。北斗七星に対してつけられた名前で、南斗六星も星座ではなく世界共通の星座では「いて座」にふくまれます。北斗七星よりも小さく、英語では「ミルク・ディッパー（ミルクさじ）」とよばれます。

いて座と、南斗六星。

南斗六星は夏の夜に、南の空の低い位置を探してみるといいにゃ。さそり座のアンタレスが手がかりになるにゃ。

| 月 | 太陽系・銀河系 | その他の天体 | 宇宙全体 | 星座 | 探査・開発 |

ぎもん 43

流れ星はどうして流れるにゃ？

流れ星は、夜空にスーッといろいろな方向に流れるにゃ。どうしてにゃ？

答えはどれだと思う？　次の3つの中から選んでね。

1 太陽のまわりを星が高速回転してるからにゃ。

2 太陽の引力に星がすいよせられてるにゃ。

3 地球に宇宙のちりが落ちてくるからにゃ。

答えは次のページ

答え

3 地球に落ちる宇宙のちりが、流れているように見えるにゃ。

　宇宙空間には、細かい岩石のつぶなど、ちりがたくさんただよっています。ちりは、太陽のまわりを回っていますが、たまたま地球の軌道（→132ページ）と交わると、地球に近づいてきます。そして地球をおおっている大気の中に飛びこんできます。そのとき、ちりは大気とこすれ合ってピカッと光りながら落ちてきます。それが流れ星です。

　その落ちてくる様子が、流れているように見えるのです。宇宙のちりはよく地球に飛びこんでくるので、流れ星は空のいろいろなところにあらわれます。さらに、地球へ飛びこむ角度によって、流れ星が流れる向きもいろいろに見えます。空気がすんでいるとき、夜空をよく観察してみましょう。

すい星は、ちりをまき散らしているにゃ。そのちりも太陽のまわりを回るにゃ。ちりの軌道と地球の軌道が近いと、「流星群」となり、毎年同じ時期に見ることができるにゃ。

| 月 | 太陽系・銀河系 | その他の天体 | 宇宙全体 | 星座 | 探査・開発 |

ぎもん 44

暗い星は、近くで見ても暗いにゃ？

暗い星は近づいてみても、暗いのかにゃ？

答えはどれだと思う？ 次の3つの中から選んでね。

1 暗い星は、近づくともっと暗くなるにゃ。

2 近づいても暗いとはかぎらないにゃ。

3 こいガスに包まれて暗く見えるだけにゃ。

2 暗い星は、近くで見たら暗いとはかぎらないにゃ。

なぜ暗い星は暗いのでしょう？ 実際に星の出す光が弱い場合もありますが、地球から遠いために暗く見えたり、星の大きさが小さいために暗く見えたりすることもあります。

たとえばオリオン座を見てみましょう。中央の3つの星は、左上のベテルギウスより暗いです。これは3つの星がベテルギウスよりも遠くにあって小さいからです。もしオリオン座の星が、全部同じきょりにあったとしたら、3つの星は、ベテルギウスよりも明るいはずです。

ちなみにリゲルはベテルギウスよりも若くて強い光を出しているので、オリオン座の中で最も明るい星です。

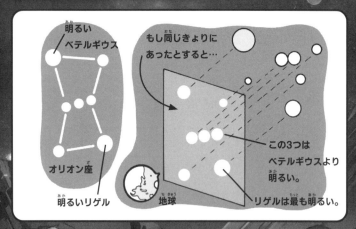

星は、大きさが2倍になると明るさは4倍、大きさが3倍になると明るさは9倍になるにゃ。そして星までのきょりが2倍遠くなると、明るさは4分の1になるにゃ。

| 月 | 太陽系・銀河系 | その他の天体 | 宇宙全体 | 星座 | **探査・開発** |

ぎもん 45

人工衛星がこわれたらどうなるにゃ？

人工衛星は地球のまわりを高速で飛んでいるにゃ。
こわれたとしても簡単には取りに行けないにゃ。どうなっちゃうにゃ？

答えはどれだと思う？　次の3つの中から選んでね。

1 月に落ちてクレーターをつくるにゃ。

2 大ばく発を起こし、消えてなくなるにゃ。

3 宇宙のゴミになるにゃ。

答えは次のページ

3 宇宙のゴミになって、地球に落ちたりするにゃ。

　人工衛星がこわれると、しばらくはこわれたまま地球のまわりを回り続けます。そしてたいていの場合、数年から数十年で地球に落ちてきて、地上にたどりつく前に、もえつきてしまいます。そのとき流れ星になることもあります。大きくてもえつきそうもないときは、落ちるところを予測して対策をたてます。特別高い軌道を回る人工衛星は、落ちないまま、こわれてからほぼ永久に地球を回り続けることもあります。こうした、こわれた人工衛星は、ゴミとして宇宙に残ってしまうのです。
　宇宙のゴミ（スペースデブリ）は、宇宙船やほかの人工衛星にぶつかったらたいへんです。そこで、回収して再利用できるよう、対策が研究されています。

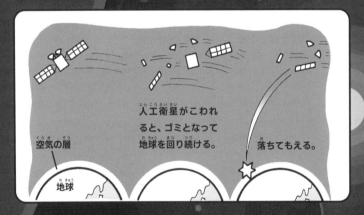

空気の層　　地球　　人工衛星がこわれると、ゴミとなって地球を回り続ける。　　落ちてもえる。

スペースデブリは、高度や進む方向がわかっていて監視が続けられている10cm以上のものが約2万こ、10cmから1cmのものは50万こ以上あるといわれてるにゃ。

| 月 | 太陽系・銀河系 | その他の天体 | 宇宙全体 | 星座 | 探査・開発 |

ぎもん 46

太陽にはじゅみょうはないにゃ?

明るくかがやく太陽でも、なくなってしまうことがあるにゃ?

答えはどれだと思う? 次の3つの中から選んでね。

1 あるにゃ。あと1万年くらいにゃ。

2 あるにゃ。あと50億年くらいにゃ。

3 ないにゃ。燃料が無限にあるからにゃ。

99

答えは次のページ ➡

2 じゅみょうはあと約50億年と考えられているにゃ。

　太陽はあと50億年くらいで最期をむかえるといわれています。それは太陽の中で、水素という物質が足りなくなると考えられるからです。太陽は、水素をヘリウムに変えることで熱と光を出しています（核融合（→70ページ））。その水素がなくなってくると、だんだんふくらみ始め、表面温度の低い、「赤色巨星」という星になります。

　その後、太陽の表面からガスがどんどん外に流れ出て惑星状星雲（→168ページ）になります。そして「白色矮星（→106ページ）」という星に変わります。かがやいてはいますが、地球くらいの大きさになってしまいます。最後はゆっくり冷えながら明るさを失っていき、じゅみょうがつきると考えられています。

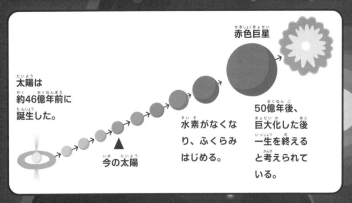

太陽は約46億年前に誕生した。

今の太陽

水素がなくなり、ふくらみはじめる。

赤色巨星

50億年後、巨大化した後一生を終えると考えられている。

　現在の太陽は生まれてから約46億年たっているとされるにゃ。人でいうと働きざかりの時期にゃ。まだ熱と光を出すための水素がたくさんあって、元気いっぱいの時期とされているにゃ。

| 月 | 太陽系・銀河系 | その他の天体 | 宇宙全体 | **星座** | 探査・開発 |

ぎもん 47

なぜ、12星座は誕生日には見えないにゃ?

夜空の星座と誕生日の12星座って、どんな関係にゃ?
11月生まれがさそり座なのに、よく見えるのは何で夏にゃ?

答えはどれだと思う? 次の3つの中から選んでね。

1 12星座は、太陽の近くにあるからにゃ。

2 誕生星座は1年中よく見えてるにゃ。

3 12星座と季節は無関係にゃ。

101

答えは次のページ ➡

1 誕生日の星座は、その時期に太陽の近くにあるからにゃ。

　誕生日の星座は、約2000年前のギリシア時代につくられた「黄道12星座」がもとになっています。地球から見て太陽の方向にある星座が、それぞれの時期ごとに12こ選ばれました。つまり誕生日の星座は、昼の星座なのです。夜になると地球はちがう方向を向いているので、見えなくなってしまいます。

　さそり座は11月だと、昼間の空に出ています。太陽の方向にあるから見えないのです。夏はさそり座が太陽の反対方向にあるため、夜空に見ることができます。ただし、「黄道12星座」がつくられてから、かなり時間がたったため、今ではそれぞれの星座の位置が少しずれてしまっています。

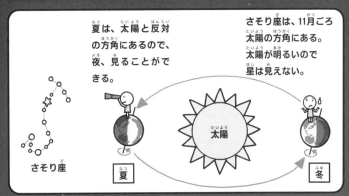

　地球は自転しているから、星座は1日1回転するにゃ。これを日周運動というにゃ。また、地球は公転しているから、夜空に見える星座は1年間で1回転するにゃ。これを年周運動というにゃ。

| 月 | 太陽系・銀河系 | その他の天体 | 宇宙全体 | 星座 | 探査・開発 |

ぎもん 48

どうして月には空気がないにゃ？

月と地球は近くにあるのに、なぜ地球には空気があって、月にはないにゃ？

答えはどれだと思う？ 次の3つの中から選んでね。

1 月の表面をほれば空気が出てくるにゃ。

2 空気は月の上空にあるにゃ。

3 月は空気を引きつけておけないからにゃ。

答えは次のページ ➡

3 月は引力が弱いので、空気を引きつけておけないにゃ。

　地球には空気があるのに、月には空気がありません。それは地球にくらべて月が軽いからです。軽い天体は重力（→176ページ）が弱く、重力の弱い天体は、ものを引きつける力が弱いのです。地球は重力が強いので、空気を引きつけておけますが、月は重力が弱いために、空気のような気体を引きつけておけないのです。

　空気がないと、空気がものをおす力（気圧）も当然ありません。すると、水のような液体は、すぐに蒸発してしまいます。月にあるのは、石などの固体ばかりです。

月の重力は地球の約6分の1にゃ。だから、体重が60kgの人が月に行くと、体重が10kgになるにゃ。そのかわり、6倍の高さまでジャンプできるようになるにゃ。

| 月 | 太陽系・銀河系 | その他の天体 | 宇宙全体 | 星座 | 探査・開発 |

ぎもん 49

星空の暗いところには何もないにゃ？

夜空には、キラキラ光る星たちのほかに、
実は目に見えない何かがあるにゃ？

答えはどれだと思う？ 次の3つの中から選んでね。

1 あるにゃ。暗黒物質などにゃ。

2 あるにゃ。黒い星が1億以上あるにゃ。

3 ないにゃ。何もない空間だけにゃ。

答えは次のページ ➡

1 あるにゃ。光を出していない暗黒物質などにゃ。

　宇宙には、望遠鏡を通して見える星以外にもさまざまな天体があります。たとえば、「ブラックホール」や「中性子星」、「白色矮星」、「褐色矮星」などです。強い光を出していなかったり、小さかったりするので、望遠鏡でも見えません。

　でもそれ以外にも、光を出していないために見えない天体はたくさんあると考えられています。宇宙をくわしく観察すると、銀河やガスの動き、光の進み方などから、光は出さないけれど、重さをもった物質があることがわかるのです。これらの正体は不明で、「暗黒物質」とよばれています。

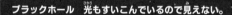

ブラックホール　光もすいこんでいるので見えない。

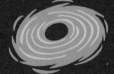

褐色矮星(左)と
白色矮星(右)
小さいので
望遠鏡では
なかなか見えない。

なぞの暗黒物質

中性子星
電波をビームのように出している。

　現在、宇宙はふくらみ続けているとされているにゃ。宇宙の未来は、①ふくらみ続ける、②ちぢんで消えてしまう、という2つの説が考えられてるにゃ。

| 月 | 太陽系・銀河系 | その他の天体 | **宇宙全体** | 星座 | 探査・開発 |

ぎもん 50

太陽以外にも自分で光る星はあるにゃ?

太陽系の中で光を出している星は太陽だけにゃ。
宇宙にはほかに光っている星があるかにゃ?

答えはどれだと思う? 次の3つの中から選んでね。

1 あるにゃ。数えきれないにゃ。

2 あるにゃ。現在23こ見つかっているにゃ。

3 ないにゃ。自分で光るのは太陽だけにゃ。

107

答えは次のページ ➡

1 無数にあるにゃ。でも地球からとてもはなれてるにゃ。

　太陽のように自分で光を出している星のことを「恒星」といいます。夜空にキラキラとかがやいている星のほとんどは、銀河系（天の川銀河）にある恒星なのです。銀河系の星の数は約1000億こです。こうした銀河が、宇宙にはほかにも数千億こあると考えられています。ですから宇宙には、数えきれないくらい恒星があるのです。とはいえ、太陽から最も近い恒星でも、4.3光年（約40兆km）はなれています。

　恒星では、太陽と同じように、水素という物質がヘリウムという物質に変わる「核融合」という反応が起きています（→70ページ）。核融合で大きな熱と光のエネルギーを出しているため、遠くからでも見えるのです。

木星は恒星ではないけど、太陽に成分がにてるにゃ。もし木星が今の100倍の質量（重さ）であれば、核融合が起こり、太陽のように光る恒星になっていたかもしれないにゃ。

| 月 | 太陽系・銀河系 | その他の天体 | 宇宙全体 | 星座 | 探査・開発 |

ぎもん 51

宇宙服にはどんな機能があるにゃ？

宇宙飛行士は、宇宙で作業をするときに体重よりもずっと重い宇宙服を着ているにゃ。どんな機能があるにゃ？

答えはどれだと思う？ 次の3つの中から選んでね。

1 呼吸ができて、温度変化にたえられるにゃ。

2 だれが着ても体にぴったり合うにゃ。

3 あせをすいこみ、飲み水に変えるにゃ。

答えは次のページ →

1 空気をとじこめて呼吸ができ、温度変化にたえられるにゃ。

　宇宙には空気がほとんどありません。そのため、宇宙服は背中にしょった生命維持装置の中にある酸素タンクなどで、服の中に空気を満たし、呼吸ができるようにしてあります。

　また、宇宙では日かげと日なたで温度差が200度以上もあります。はげしい温度変化にたえられるように、宇宙服には熱を通しにくい素材が使われています。しかし、服の中は体温で熱くなるので、温度調整のためにチューブをはりめぐらせた下着を着ます。熱くなったらチューブに冷たい水を通して冷やすのです。ほかにも、宇宙を飛び交うちりや放射線から飛行士を守る工夫がされています。たくさんの装置がついていて、重さは約120kgもあります。でも、宇宙空間では重力がないので平気なのです。

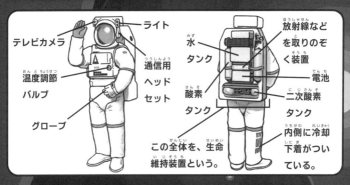

宇宙服のむねには、服の内側の空気を調節する操作レバーがあるにゃ。でも、宇宙服を着ると、このレバーが見えないにゃ。そこで、レバーの文字を鏡文字にして、宇宙飛行士はその文字を手首についている鏡にうつして読むにゃ。

| 月 | 太陽系・銀河系 | その他の天体 | 宇宙全体 | 星座 | 探査・開発 |

ぎもん 52

太陽にある「黒点」って何にゃ？

太陽の写真を見ると、表面に黒い点があるにゃ。
これはいったい何にゃ？

答えはどれだと思う？ 次の3つの中から選んでね。

1 表面が焼けたところにゃ。

2 まわりの星を取りこんだあとにゃ。

3 まわりより温度の低いところにゃ。

111

答えは次のページ ➡

3 黒点は、まわりより温度の低いところにゃ。

　太陽の表面にある「黒点」は、まわりより1500度ほど温度が低いところです。それでも4000〜4500度くらいありますが、まわりは6000度もあるので黒く見えるのです。

　黒点は、多くの場合、いくつかが集まってあらわれます。小さそうに見えますが、直径は数百kmから数万kmもあります。地球の10倍くらいの大きさのものがあらわれることもあります。そして数日から数十日で、あらわれたり消えたりしています。

　太陽内部には、強い磁力（磁石の力）があり、黒点はその力が外に飛び出した出口だと考えられています。太陽の活動が活発なときにたくさんあらわれます。太陽の活動が静かなときは、黒点はほとんど消えてしまいます。

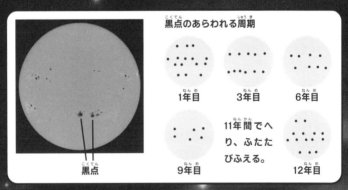

黒点の数は、約11年の周期で、ふえたりへったりをくり返しているにゃ。これは「黒点周期」とよばれ、太陽の活動周期を表しているにゃ。

写真：NASA

| 月 | 太陽系・銀河系 | その他の天体 | 宇宙全体 | 星座 | 探査・開発 |

ぎもん 53

人工衛星同士はぶつからないにゃ？

科学衛星や観測衛星、気象衛星など、たくさんの人工衛星が宇宙を飛んでるけど、ぶつからないのかにゃ？

答えはどれだと思う？ 次の3つの中から選んでね。

1 毎日ぶつかっているにゃ。

2 ふつうはないにゃ。高さなどがちがうにゃ。

3 ときどきあるにゃ。それが流星群にゃ。

答えは次のページ →

答え
2 ふつうはないにゃ。高さも軌道もちがうからにゃ。

地球のまわりには多くの人工衛星が飛んでいます。でもふつう、人工衛星同士がぶつかることはありません。それは、人工衛星はそれぞれ、高さも軌道（地球を回るコース）もちがうところを飛んでいるからです。また、宇宙空間は広いので、まだ空いている場所がたくさんあるのです。

しかし、実際に人工衛星同士がぶつかったり、こわれた人工衛星のかけらなどの「宇宙のゴミ（スペースデブリ）」がぶつかったりしたこともあります。ですから、大きさが10cm以上のゴミは、地上のレーダーで見はっています。

気象衛星ひまわり　36000km
（すべて、地球からのきょり）

準天頂衛星みちびき　32000～40000km

GPS衛星（アメリカ）　20000km

宇宙環境を調べる　SERVIS-2　1200km

観測技術衛星だいち　700km

太陽観測衛星ひので　680km

温室効果ガス観測衛星いぶき　660km

地球

人工衛星のほとんどは、使われなくなった後も地球のまわりを回り続けてるにゃ。稼働中の人工衛星や宇宙ステーションが被害を受けるおそれがあるから、対策が研究されているにゃ。

| 月 | 太陽系・銀河系 | その他の天体 | 宇宙全体 | 星座 | 探査・開発 |

ぎもん 54

星座の形はずっと変わらないにゃ？

星座は大昔につくられたというけど、
そのころから形は変わっていないのかにゃ？

答えはどれだと思う？ 次の3つの中から選んでね。

1 変わらないにゃ。それが星座にゃ。

2 実は季節ごとに変わっているにゃ。

3 変わるにゃ。星は少しずつ動くにゃ。

答えは次のページ

3 変わるにゃ。星は動くし、なくなることもあるにゃ。

　星座を形づくる星は、ほんの少しずつ動いています。それも、それぞればらばらな方向に動いています。そのため星座の形は、つねに変わっています。ただ、恒星（自分から光を出している星）はとても遠くにあるので、星が動いて形が変わったことは、数十年くらいではわかりません。でも何万年、何十万年もたつと、星座の形が今とはちがう形になります。

　夜空で1年中見られる北斗七星も、20万年前は今とはちがう形をしていました。そして20万年後も、きっと今とちがう形をしているはずなのです。また、星がばく発してなくなることもあります（→158ページ）。その場合も星座の形が変わってしまいます。

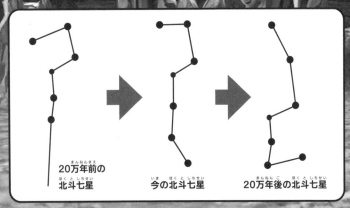

20万年前の北斗七星　　今の北斗七星　　20万年後の北斗七星

1781年、イギリスの天文学者ハレーは、恒星の位置が紀元前150年に測定したものとずれていることを発見したにゃ。この発見で、星座の形が変わることがわかったにゃ。

| 月 | 太陽系・銀河系 | その他の天体 | 宇宙全体 | 星座 | **探査・開発** |

ぎもん 55

日本人で宇宙に行った人は何人いるにゃ？

日本人の宇宙飛行士は国際宇宙ステーションなどで活やくしてるにゃ。
これまで何人の日本人が宇宙へ行ったにゃ？

答えはどれだと思う？ 次の3つの中から選んでね。

1 過去27人が宇宙に行ったにゃ。

2 過去14人が宇宙に行ったにゃ。

3 2人にゃ。これからもふえるらしいにゃ。

117

答えは次のページ

答え 2

日本人では、これまでに14人が宇宙に行ったにゃ。

2025年2月末までで、宇宙に行った日本人は14人います。最初は秋山豊寛さん。1990年にソ連（現在のロシア）の宇宙ステーション・ミールに行き、宇宙での実験や生活の様子を伝えました。2021年には民間人の前澤友作さんと平野陽三さんがISSに滞在しました。

JAXA（宇宙航空研究開発機構）の宇宙飛行士として宇宙に行った人は毛利衛さん、土井隆雄さん、山崎直子さん、向井千秋さん、若田光一さん、野口聡一さん、星出彰彦さん、古川聡さん、油井亀美也さん、大西卓哉さん、金井宣茂さんの11人です。

国際宇宙ステーション(ISS)についている、日本の宇宙実験室「きぼう」の内部。

→宇宙服を着た若田光一さん。

世界初の宇宙飛行士は、ソ連のガガーリンにゃ。1961年に1時間50分弱の宇宙飛行をしたにゃ。宇宙から美しい地球を見て感動し「地球は青かった」という言葉を残したにゃ。

写真：NASA(左)／画像提供：JAXA/NASA(右)

ぎもん 56

火星に行った人は いるにゃ？

火星は地球のとなりにある惑星にゃ。
人が行ったことはあるのかにゃ？

答えはどれだと思う？ 次の3つの中から選んでね。

1 いないにゃ。無人の探査機は行ったにゃ。

2 いないにゃ。直前で宇宙船がこわれたにゃ。

3 いるにゃ。ロシアの飛行士が行ったにゃ。

答えは次のページ

答え

1 無人の探査機は何度も火星に行ってるにゃ。

　人が行った一番遠い天体は月です。残念ながら、まだ火星に行った人はいません。しかし、無人の火星探査機は何度も行っています。

　探査機は、火星の地形を調査し、氷や液体の水があるかどうかを調べています。また、生命体のいる可能性をさぐったり、岩石を採集して分析したりもしています。これらの調査から、過去に水があったことや、現在も地下に水があると思われるあとが見つかるなど、火星の様子がどんどん明らかになってきています。

　NASA（アメリカ航空宇宙局）では、火星へ人を運ぶロケットや有人飛行船の建設計画にも取りかかっています。

↑アメリカの火星探査機

氷のようなもの。
2008年、火星で地面をほってみると氷と思われるものが見つかった。

4日後
消えている。
4日後には、かわいたように消えていた。

火星には、太陽系の惑星最大の火山、オリンポス山があるにゃ。高さは富士山の約7倍の2万7000mにゃ。ふもとの広さは約600kmあるにゃ。

写真：NASA

| 月 | 太陽系・銀河系 | その他の天体 | 宇宙全体 | 星座 | 探査・開発 |

ぎもん 57

北極星ってなぜ いつも真北にあるにゃ?

ほかの星は時間がたつと動いていくのに、北極星はなぜずっと真北にあるにゃ?

答えはどれだと思う? 次の3つの中から選んでね。

1 地球の地軸の北の先にあるからにゃ。

2 地球に合わせて動く星だからにゃ。

3 地球が、北極星に合わせて動いてるにゃ。

121

答えは次のページ ➡

1 北極星は、地球の地軸を北へのばしたいちにあるからにゃ。

　地球は、北極と南極を結んだ軸（地軸）を中心に回っています（これを自転といいます）。わたしたちは、地球といっしょに回っているため、まわりの星が動いて見えます。しかし地軸は動かないので、地軸をのばした場所にある星は止まって見えるのです。北極星は地軸を北にのばした場所（天の北極）にあるので、いつも真北にあって動きません。たとえば、メリーゴーランドで回っているとき、まわりの景色は動いて見えますが、真ん中の柱のてっぺんは、どこから見ても同じ場所にあります。それと同じことです。

　北極星は北の方角の目印になっています。でも、太陽や月の引力の力で、地軸は約2万6000年周期で動いています。ですから将来は今とちがう星が北極星になります。

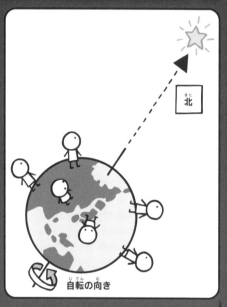

「南極星」はないけど、天の南極を指ししめす星座には南十字座があるにゃ。南半球では、南の方角の目印になっているにゃ。日本では、沖縄より南で見ることができるにゃ。

| 月 | 太陽系・銀河系 | その他の天体 | **宇宙全体** | 星座 | 探査・開発 |

ぎもん 58

空のどのくらいから宇宙空間になるにゃ？

宇宙って星のあるところだけじゃないのかにゃ。
どこから宇宙っていうにゃ？

答えはどれだと思う？ 次の3つの中から選んでね。

1 地上より1万km高いあたりからにゃ。

2 地上より1000km高いあたりからにゃ。

3 地上より100km高いあたりからにゃ。

答えは次のページ

3 空気がほとんどなくなる地上約100kmから宇宙にゃ。

　実は、どこからが宇宙かというわかりやすい境目はありません。しかし、ふつうは地上100kmあたりから上を宇宙としています。それは、そのあたりから空気がほとんどなくなるからです。飛行機の曲芸やスカイダイビングなどのスカイスポーツの世界記録を管理している国際航空連盟（FAI）でも、地上100kmから上を宇宙と決めています。

　100kmは、東京から群馬県前橋市や栃木県宇都宮市までくらいのきょりです。地球をリンゴにたとえると、空気のある層は、リンゴの皮くらいのあつさでしかありません。

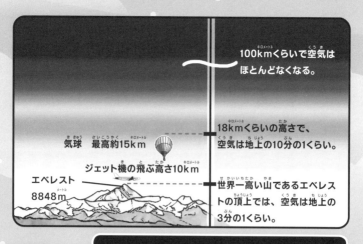

100kmくらいで空気はほとんどなくなる。

気球 最高約15km

ジェット機の飛ぶ高さ10km

エベレスト 8848m

18kmくらいの高さで、空気は地上の10分の1くらい。

世界一高い山であるエベレストの頂上では、空気は地上の3分の1くらい。

ジェット機が飛ぶのは、地上約10kmにゃ。空気のこさは、地上の3分の1以下だけど、空気のじゃまが少ないので速く飛べるにゃ。それ以上うすくなると、酸素が足りなくて飛べないにゃ。

| 月 | 太陽系・銀河系 | その他の天体 | 宇宙全体 | 星座 | 探査・開発 |

ぎもん 59

「天の川」はなぜ、川のように見えるにゃ？

天の川は夜空にぼうっと白い川のように見えるにゃ。
天の川っていったい何にゃ？

答えはどれだと思う？ 次の3つの中から選んでね。

1 天体から白い水が出ているにゃ。

2 宇宙のちりが川のように見えているにゃ。

3 銀河系の星が重なり、白く見えているにゃ。

125

答えは次のページ ➡

答え

3 銀河系の星が重なって、白っぽく見えているにゃ。

わたしたちが住む地球は太陽系の中にあります。その太陽系は、たくさんの星の集まりの中にあります。これを銀河系とよびます。銀河系は円ばん形をしていて、地球は、その円ばんの中心からはなれたところにあります。中心からのきょりは約2万8000光年です。

その地球から銀河系を見ると、円ばんの中のたくさんの星が重なり合って見えます。これが天の川です。夏の夜空には中心の方が、冬はふちの方が見えるので、夏の天の川の方が、冬よりもこくはっきりと見えるのです。

銀河系のことを、「天の川銀河」ともよびます。

銀河系（天の川銀河）のとなりに、同じような円ばんの形のアンドロメダ銀河があるにゃ。となりといっても250万光年はなれているにゃ。秋の星座アンドロメダ座の中に見えるにゃ。

| 月 | 太陽系・銀河系 | その他の天体 | 宇宙全体 | 星座 | 探査・開発 |

ぎもん 60

星までのきょりはなぜわかるにゃ？

だれも行ったことのない遠い星までのきょりを、どうやってはかるにゃ？

答えはどれだと思う？ 次の3つの中から選んでね。

1 ばく発した星の光がとどくまでの時間を使うにゃ。

2 2か所からの見え方のちがいではかるにゃ。

3 ロケットを飛ばしてはかるにゃ。

127

答えは次のページ ➡

2 2か所からの見え方のちがいからきょりを計算するにゃ。

　星までのきょりは、「三角測量」という方法を使ってはかります。これは、はなれた2つの場所から星を見て、見える角度のちがいから計算するという方法です。2つの場所というのは、たとえば夏と冬の地球のこと。地球は太陽のまわりを回っているので、宇宙では夏と冬で地球の位置が変わるのです。すると、地球上の同じ場所ではかったとしても、宇宙では測定する場所が変わることになるのです。

　この2か所からそれぞれ星を見て、星の見える角度が大きく変わっているときは近くに、あまり変わらないときは遠くに星があるということになります。

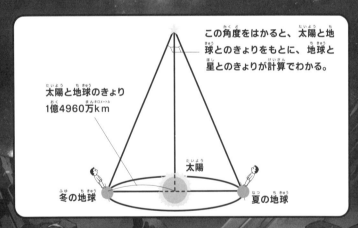

この角度をはかると、太陽と地球とのきょりをもとに、地球と星とのきょりが計算でわかる。

太陽と地球のきょり
1億4960万km

冬の地球　　太陽　　夏の地球

何千光年（1光年は約10兆km）以上もはなれた星の場合、その星の見た目の明るさと、きょりがわかっているにた星の明るさとのちがいをもとに、きょりを計算するにゃ。

| 月 | 太陽系・銀河系 | その他の天体 | 宇宙全体 | 星座 | 探査・開発 |

ぎもん 61

人工衛星は なぜ落ちないにゃ？

人工衛星は、地球のまわりを回るように人間が飛ばしたものにゃ。
どうして回り続けることができるにゃ？

答えはどれだと思う？　次の3つの中から選んでね。

1 人工衛星には引力がとどかないからにゃ。

2 落ちない速さで飛ばしているからにゃ。

3 大量の燃料を積んでいるからにゃ。

129

答えは次のページ ➡

2 人工衛星は、落ちない速さで飛ばしているにゃ。

　地球には重力があるため、軽く投げたボールは、すぐに地面に落ちてしまいます。でも力を入れて投げると、遠くまで飛びますね。投げる速さが速いほど、遠くまで飛びます。そのため、とても速く投げたボールは、地球を1周してもどってくるということになります。

　空気の抵抗を考えなければ、秒速7.9km（時速約2万8000km）で投げたボールは、地面に落ちることなく地球をぐるぐる回ります。人工衛星も同じです。人工衛星は、ロケットで空気のない宇宙まで打ち上げられた後、秒速7.9kmで投げ出されます。そうすると、人工衛星は落ちることなく、地球を回るのです。この速さは新幹線の約100倍の速さです。

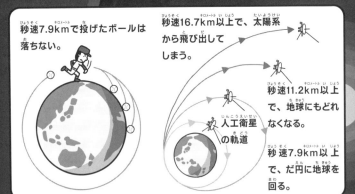

秒速7.9kmで投げたボールは落ちない。

秒速16.7km以上で、太陽系から飛び出してしまう。

秒速11.2km以上で、地球にもどれなくなる。

秒速7.9km以上で、だ円に地球を回る。

人工衛星の軌道

　秒速11.2km（時速4万320km）以上の速さなら、宇宙空間に飛び出して月に行けるにゃ。秒速16.7km（時速6万100km）以上の速さだと、太陽系から飛び出すことができるにゃ。

| 月 | 太陽系・銀河系 | その他の天体 | 宇宙全体 | 星座 | 探査・開発 |

ぎもん 62

太陽系で太陽から一番遠い惑星はどれにゃ？

太陽系には8つの惑星があるにゃ。
どの惑星が太陽から一番遠いにゃ？

答えはどれだと思う？　次の3つの中から選んでね。

1 青い惑星、海王星にゃ。

2 氷の惑星、天王星にゃ。

3 小さな惑星、水星にゃ。

答えは次のページ →

答え

1 海王星にゃ。164年9か月かけて太陽を1周するにゃ。

　太陽系には8この惑星があります。それぞれが太陽のまわりを、決まった道筋（軌道）で回っています。これを「公転」といいます。一番外側の軌道を公転しているのが海王星です。太陽から地球までのきょりの、約30倍はなれた軌道を回っています。地球は1年で太陽を1周しますが、海王星は164年9か月もかかります。

　太陽系を回る8この惑星は、太陽から近い順に、水星、金星、地球、火星、木星、土星、天王星、海王星とならんでいます。その頭の文字だけをならべて、「水金地火木土天海」ととなえると、太陽からの順番と名前が同時に覚えられます。

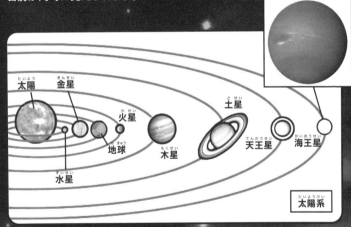

太陽系

　惑星のまわりを公転する天体を「衛星」というにゃ。月は地球の衛星にゃ。ふつう衛星は惑星の自転と同じ方向へ回るけど、海王星の衛星トリトンは、海王星の自転とぎゃく向きに回っているにゃ。

写真：NASA

132

| 月 | 太陽系・銀河系 | その他の天体 | 宇宙全体 | 星座 | 探査・開発 |

ぎもん 63

太陽系の中で、土星だけにリング（環）があるにゃ？

土星の特ちょうといえばリングがあることにゃ。
ほかにリングのある惑星はないにゃ？

答えはどれだと思う？ 次の3つの中から選んでね。

1 土星だけにゃ。ほかの惑星にはないにゃ。

2 木星、天王星、海王星にもあるにゃ。

3 実は、地球にもリングがあるにゃ。

答えは次のページ

2 木星、天王星、海王星にもリング（環）があるにゃ。

　木星には3本、天王星には11本、海王星には4本のリングがあります。木星のリングは1979年に探査機ボイジャー1号によって発見されました。これらのリングは小さな岩石のつぶでできていると考えられています。天王星のリングは、1977年に発見され、探査機ボイジャー2号によって初めてさつえいされました。どのリングも細くて暗いですが、地上の大型望遠鏡や宇宙望遠鏡を使えば見ることができるものもあります。海王星のリングはボイジャー2号によって発見されました。4本のリングは、何か所かとぎれているところもあります。どの惑星のリングも細くてうすいので、家庭用の望遠鏡で観測するのはむずかしいです。

（リングをわかりやすいようにかき表しています。実際はこれほどはっきりは見えません。）

木星／天王星／海王星

　土星のリングは、1610年にガリレオの望遠鏡で初めて観測されたにゃ。そのときリングになっているとは気づかなかったガリレオは、ノートに「土星には耳がある」と書き記したにゃ。

| 月 | 太陽系・銀河系 | その他の天体 | 宇宙全体 | 星座 | 探査・開発 |

ぎもん 64

宇宙船の中ではどうやってねむるにゃ？

宇宙船の中は地上とちがって無重力状態だから、
落ち着いてねむれないんじゃないかにゃ？

答えはどれだと思う？ 次の3つの中から選んでね。

1 宇宙船内でふわふわうかんでねむるにゃ。

2 体をかべや柱に固定してねむるにゃ。

3 重たいふとんをかけてねむるにゃ。

答えは次のページ

答え 2 ふわふわうかないように、体を固定してねむるにゃ。

　宇宙船の中は無重力なので、宇宙飛行士は船内をふわふわただよってしまいます。ねむっている間、機械にぶつかってしまったらあぶないので、飛行士は戸だなのような形の、せまいベッドに入ったり、かべに固定したねぶくろに入ってねむります。無重力では上下の区別がないので、横になるという感覚がありません。そこでベッドやねぶくろをベルトでとめて体を固定するなど、できるだけ地上で横になっているのと同じ感覚でねむれるように工夫されています。

　宇宙飛行士のすいみん時間は、6時間くらいが多いそうです。

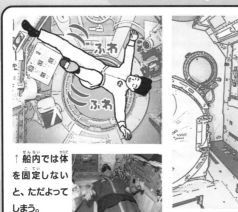

←体を固定する。

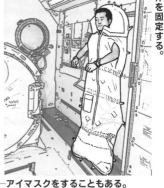

←アイマスクをすることもある。

↑船内では体を固定しないと、ただよってしまう。

　宇宙船では、飛行士がねむっている間もいろいろな作業が進められているから、明るくて、機械音もするにゃ。だから、ねむれない人はアイマスクや耳せんをするにゃ。

写真：NASA

| 月 | 太陽系・銀河系 | その他の天体 | 宇宙全体 | 星座 | 探査・開発 |

ぎもん 65

国際宇宙ステーションは宇宙のどこにあるにゃ？

国際宇宙ステーションは、地球のまわりを回る人工衛星の1つにゃ。
地上から、どのくらいの高さを回っているにゃ？

答えはどれだと思う？ 次の3つの中から選んでね。

1 月と地球のちょうど中間地点にゃ。

2 地上約3万6000kmにゃ。

3 地上約400kmにゃ。

答えは次のページ

3 国際宇宙ステーションは、400km上空を飛んでるにゃ。

　国際宇宙ステーション（ISS）は、地球の上空400kmのところにあり、地球を1周90分の速さで回っています。

　ISSの大きさは約180.5m×約72.8mで、サッカー場ほどです。天気がよければ、日の出前や日がしずんだ後、2時間くらいの間に地上から目で見ることができます。はっきりとした形は見えませんが、1等星より明るい、光る点がゆっくり空を進んでいくのが見えます。

　いつ、どの方角に見られるのかは、インターネットのISSのWebサイト（https://lookup.kibo.space）で調べることができます。

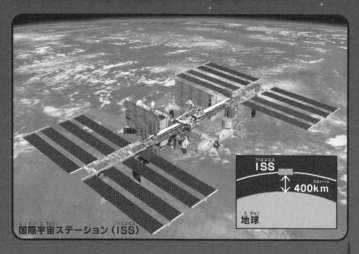

国際宇宙ステーション（ISS）

国際宇宙ステーションは重さが約420tもあるにゃ。一度に打ち上げることができなかったから、40回に分けて部品を運び、宇宙で組み立てられたにゃ。

写真：NASA

| 月 | 太陽系・銀河系 | その他の天体 | 宇宙全体 | **星座** | 探査・開発 |

ぎもん 66

星座っていくつあるにゃ?
星と同じように星座も数えきれないほどあるにゃ?

答えはどれだと思う? 次の3つの中から選んでね。

1 なんと1800こもあるにゃ。

2 毎年増えていて、いま250こあるにゃ。

3 世界で88こと決められているにゃ。

ぎもん 67

「黄道13星座」の星座はどれにゃ?
星占いには12星座と13星座があるにゃ。1つ増えている星座は何にゃ?

答えはどれだと思う? 次の3つの中から選んでね。

1 コップ座にゃ。

2 へびつかい座にゃ。

3 りゅう座にゃ。

139

答えは次のページ →

3 1928年に、星座の数は88こと決められたにゃ。

　星座は、約5000年前、ヨーロッパの東方のメソポタミア地方でつくられました。星と星をつないで、神話や伝説の英ゆう、神様、生き物に見立てたことが北半球から見える星座の始まりです。南半球の星座は、約500年前、船で大航海をするようになったヨーロッパの人びとがつくりました。その後もどんどん星座がつくられ、100こ以上になってしまいました。そこで星座を整理して、世界共通の88こに決めたのです。

星座の数は、宇宙や天体の約束事を決めている、国際天文学連合という団体が会議をして、1928年に決めたにゃ。

2 13星座で登場するのは、へびつかい座にゃ。

　星占いで使われている12星座は、天球上を太陽が通る道筋（黄道）にある星座たちです。ところが実際には、太陽はへびつかい座の領域の一部も通過します。そしてあるとき、「へびつかい座を星占いに入れていないのは、おかしいではないか」と、占い師が批判されたのです。これがきっかけで、へびつかい座を入れた13星座占いが誕生しました。

へびつかい座の周辺の星座と黄道の関係。星座は、となりあう星座と、複雑な境界線で区切られている。

140

| 月 | 太陽系・銀河系 | **その他の天体** | 宇宙全体 | 星座 | 探査・開発 |

ぎもん 68

太陽系以外の天体で、地球から見て一番明るいのはどれにゃ？

太陽を中心とした天体のまとまりを「太陽系」というにゃ。
では、太陽系以外で最も明るい天体はどれにゃ？

答えはどれだと思う？ 次の3つの中から選んでね。

1 シリウス（おおいぬ座）にゃ。

2 デネブ（はくちょう座）にゃ。

3 カノープス（りゅうこつ座）にゃ。

141

答えは次のページ ➡

1 おおいぬ座のシリウスが最も明るいにゃ。

　冬の夜、南の空を見てみましょう。ひときわ明るくかがやく星があります。それがおおいぬ座のシリウスです。地球から見た夜空の星の中で、一番明るいのがシリウスです。シリウスの直径は太陽の約1.7倍あります。シリウスがもし太陽と同じくらいのきょりにあれば、太陽の数十倍も明るいはずです。でも実際は太陽とくらべて、地球から約54万倍以上はなれているため、太陽よりずっと暗く見えるのです。

　星は明るさによって1等星、2等星、3等星……と、分けられ、数字が小さいほど明るい星を表しています。シリウスはもちろん1等星です。1等星は現在21こあります。

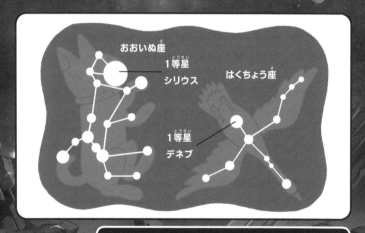

星がみんな地球から同じきょりにあるとしたら、最も明るい星は、はくちょう座の1等星、デネブにゃ。でも実際は、地球から約1400光年はなれているから、シリウスより暗く見えるにゃ。

| 月 | 太陽系・銀河系 | その他の天体 | 宇宙全体 | 星座 | **探査・開発** |

ぎもん 69

どうしたら宇宙飛行士になれるにゃ？

どんな人が宇宙飛行士になれるのかにゃ？
宇宙に行くには、特別な能力が必要なのかにゃ？

答えはどれだと思う？　次の3つの中から選んでね。

1 天体の名前を全部覚えるにゃ。

 2 絶叫マシンなどで体をきたえるにゃ。

3 好奇心をもって、よく勉強するにゃ。

答えは次のページ ➡

3 宇宙飛行士になるには、好奇心をもって勉強するにゃ。

　宇宙飛行士になれる人はごく少数です。3年以上社会人を経験している人で、身長や視力、色覚、聴力などの条件が満たされていると試験を受けることができます。なるのはむずかしいですが、なりたいという強い気持ちをもつことも大事です。
　たとえば毛利衛さんは科学者から、向井千秋さんは医師から、若田光一さんは飛行機の整備士から宇宙飛行士になりました。
　共通しているのは、まわりの人と仲よくできる性格だということです。宇宙飛行士は、いろいろな国の人と協力して仕事をします。ですから、思いやりの気持ちも大切なのです。

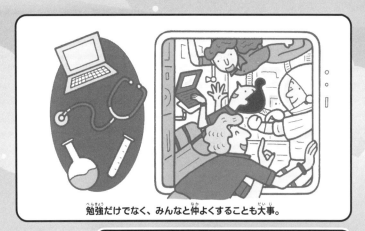

勉強だけでなく、みんなと仲よくすることも大事。

　国際宇宙ステーション内では、いろいろな国の人と半年以上いっしょにすごすにゃ。ケンカしたから会わない！というわけにはいかないにゃ。チームワークが何よりも大切な仕事なんだにゃ。

| 月 | 太陽系・銀河系 | その他の天体 | 宇宙全体 | 星座 | 探査・開発 |

ぎもん 70

太陽系の惑星の自転は必ず左回りにゃ?

太陽系の惑星は、太陽のまわりを回りながら(公転)、自分自身も回転してるにゃ(自転)。その向きはみんな同じかにゃ?

答えはどれだと思う? 次の3つの中から選んでね。

1 本当にゃ。みんな、左回りにゃ!

2 うそにゃ。逆向きの自転もあるにゃ。

3 うそにゃ。1年ごとに変わるにゃ。

答えは次のページ ➡

2 うそにゃ。金星は逆向きに自転してるにゃ。

　惑星の自転の向きは、自転軸の傾き（赤道傾斜角）で決まります。太陽系の惑星のほとんどは30°以下の傾きですが、金星は177°と、ほぼさかさまの状態になるほど大きく傾いています。そのため、金星は逆向きに自転しています。地球では太陽は東からのぼりますが、金星では太陽が西からのぼることになります。太陽系の惑星のうち、時計回りに自転しているのは金星だけです。

　ちなみに天王星は自転軸が98°で、直角に近い傾きです。このため、天王星は横倒しになった状態で太陽のまわりを回っています。

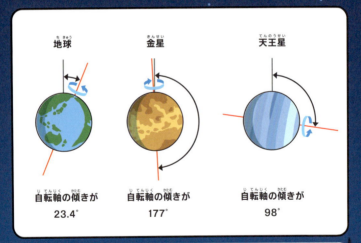

地球　　　　　金星　　　　　天王星

自転軸の傾きが　　自転軸の傾きが　　自転軸の傾きが
23.4°　　　　　177°　　　　　98°

　地球の場合、自転周期は24時間で、公転周期は1年にゃ。でも金星の場合は自転周期が約243日で、公転周期が約225日にゃ。自転周期の方が長くて、超ゆっくり自転してるにゃ。

| 月 | 太陽系・銀河系 | その他の天体 | 宇宙全体 | 星座 | 探査・開発 |

ぎもん 71

なぜ火星は赤く見えるにゃ？

望遠鏡で見たり、写真で見たりする火星は、
たしかに、赤っぽい色をしてるにゃ。どうしてにゃ？

答えはどれだと思う？ 次の3つの中から選んでね。

1 赤いよう岩が できてるからにゃ。

2 火山がふん火してるのが 見えてるからにゃ。

3 土にふくまれた鉄が さびているからにゃ。

答えは次のページ ▶

3 火星の土には鉄が多く、それがさびて赤く見えるにゃ。

　火星には、赤い大地が広がっています。岩石やすなにたくさんふくまれている鉄が、さびて赤くなっているのです。これは、1976年に惑星探査機バイキングが火星に着陸して、すなや岩石をくわしく調べてわかったことです。

　赤さびにおおわれた大地には、クレーター（いん石などがぶつかったあと）や火山、谷があり、水の流れたあとのような地形が見られます。そして火星にはうすい大気があるため、ときどきすなあらしが起こります。このとき細かいすながまき上げられることで、火星の空はピンクになります。

アメリカの探査機がさつえいした火星の大地。

火星は、血のように赤く見えるから、ローマ神話の戦いの神・軍神マルス（Mars）の名がつけられ、英語ではマーズ、ラテン語ではマールスとよばれているにゃ。

写真：NASA

| 月 | 太陽系・銀河系 | その他の天体 | 宇宙全体 | 星座 | 探査・開発 |

ぎもん 72

金星は本当に金色にゃ？

金星は「明けの明星」、「よいの明星」とよばれ、月の次に明るく見えるにゃ。名前のとおり金色なのかにゃ？

答えはどれだと思う？ 次の3つの中から選んでね。

1 本当にゃ。金色にかがやいているにゃ。

2 うそにゃ。雪と氷におおわれ、白いにゃ。

3 うそにゃ。コケにおおわれて緑色にゃ。

答えは次のページ

1 本当にゃ。金星の大気に太陽の光が反射するにゃ。

　金星は、二酸化炭素を多くふくんだ、こい大気におおわれています。その上空のあつい雲に太陽の光が反射するため、地球から見るとやや金色にかがやいて見えるのです。

　二酸化炭素は「温室効果ガス」ともいい、熱を外へにがしにくい性質を持ちます。そのため金星は、480度もある超高温の世界です。空には、硫酸の雲が10kmのあつさで広がっています。探査の結果、地表はほとんどがよう岩や大きな岩でおおわれていることがわかっています。

金星

日本は2010年に金星探査機「あかつき」を打ち上げたにゃ。「あかつき」のおかげで金星の大気の温度や動きがわかって、多くの新しい発見をもたらしたにゃ。

写真：NASA

| 月 | 太陽系・銀河系 | その他の天体 | **宇宙全体** | 星座 | 探査・開発 |

ぎもん 73

宇宙人にあてた手紙があるって本当にゃ？

地球から宇宙人にあてた手紙を出すってどういうことにゃ？
そもそも宇宙人なんているにゃ？

答えはどれだと思う？ 次の3つの中から選んでね。

1 本当にゃ。宇宙人から先に手紙がきたにゃ。

2 本当にゃ。遠くへ行く探査機につけたにゃ。

3 うそにゃ。宇宙人なんていないにゃ。

答えは次のページ ➡

2 本当にゃ。太陽系の外へ行く探査機につけたにゃ。

　1972年〜1973年、アメリカから、探査機パイオニア10号とパイオニア11号が打ち上げられました。この2機に、人間のすがた、地球の位置をかいた、アルミ製のメッセージボードが取りつけられました。

　また、1977年にアメリカから打ち上げられた探査機ボイジャー1号とボイジャー2号には、地球の音やさまざまな国の言葉でのあいさつを録音した円板がのせられました。これらは、探査機が宇宙のどこかで宇宙人に出会ったときに、地球や人類のことを知らせるための手紙なのです。どの探査機も、太陽系の外側へ向けて遠ざかり、まだ探査を行っているものもあります。

↑ボイジャー2号

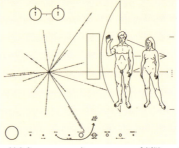

↑探査機パイオニアに取りつけられた「宇宙人への手紙」。
←ボイジャー2号にのせられた、音を録音した円板。金メッキされている。

パイオニア10号・11号は、人類が初めて太陽系の外へ送った探査機にゃ。ボイジャー1号・2号は、木星より遠くの惑星がはっきりと写った写真を送ってきたにゃ。

写真：NASA

| 月 | 太陽系・銀河系 | その他の天体 | 宇宙全体 | 星座 | **探査・開発** |

ぎもん 74

宇宙で太陽光発電して地球に送れるって本当にゃ？

太陽光発電は、太陽の光のエネルギーで電気をつくることにゃ。
たしかに宇宙にはくもりや雨の日がないにゃ……。

答えはどれだと思う？ 次の3つの中から選んでね。

1 本当にゃ。月まで電線を引く計画にゃ。

2 本当にゃ。電気を電波にして送るにゃ。

3 うそにゃ。発電機がつくれないにゃ。

答えは次のページ ➡

2 本当にゃ。発電した電気を電波に変えて送る計画にゃ。

　日本では1980年代から、国立研究所や大学の研究者によって、宇宙で太陽光発電をするための研究開発が進められています。どのように電気をつくるのかというと、まず、宇宙空間に発電衛星を飛ばし巨大な太陽電池を設置します。発電した電気は、「マイクロ波」という電波に変えて地球に送られます。地上ではそれをアンテナで受け取り、マイクロ波をふたたび電力に変えます。

　宇宙では、地上の約1.4倍の強い太陽光を受けることができます。だから、たくさんの発電ができます。また、天気に左右されることもないため、いつでも同じ量の電気をつくることができます。まだまだ計画中の研究です。

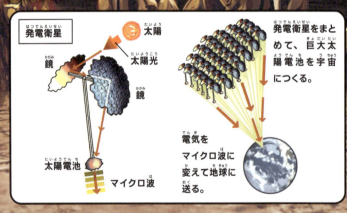

ちなみに、人工衛星の電力は、太陽電池でまかなっているにゃ。人工衛星は、飛びながら自動的に太陽電池を太陽の方へ向け、充電しているから、動き続けられるにゃ。

| 月 | 太陽系・銀河系 | その他の天体 | 宇宙全体 | 星座 | 探査・開発 |

ぎもん 75

レンズのない望遠鏡があるって本当にゃ？

多くの天体望遠鏡は、レンズを通して遠くのものを見るしくみだけど、レンズがないのに、遠くを見ることってできるのかにゃ？

答えはどれだと思う？ 次の3つの中から選んでね。

1 うそにゃ。そんな望遠鏡はないにゃ。

2 本当にゃ。星の光を風ですいこむにゃ。

3 本当にゃ。アンテナで観測するにゃ。

答えは次のページ

3 本当にゃ。アンテナで星の出す電波を観測するにゃ。

　天体を観測する「電波望遠鏡」には、レンズがありません。この望遠鏡は、恒星（光を出している星）が出している電波をキャッチして観測します。恒星のほとんどは、人間の目に見える光以外に電波も出しています。そのため電波望遠鏡を使うことで、その恒星についてのより本当のすがたを調べることができるのです。

　電波望遠鏡は、レンズの代わりに皿のような大きなパラボラアンテナをつけています。天体からとどいた電波は、アンテナで反射させて、真ん中にある受信機に集められます。集められた電波の強さや変化をコンピュータで処理すると、どんな天体かを調べることができます。

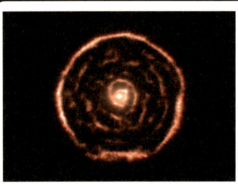

←アルマ電波望遠鏡がとらえた「ちょうこくしつ座R星」。

↓野辺山の国立天文台電波望遠鏡。

電波望遠鏡は、空気がうすくてきれいな、かんそうしたところに設置されるにゃ。日本では長野県の野辺山などに置かれているにゃ。

Credit: ALMA (ESO/NAOJ/NRAO) / 写真:国立天文台

| 月 | 太陽系・銀河系 | **その他の天体** | 宇宙全体 | 星座 | 探査・開発 |

ぎもん 76

星はばく発することがあるって本当にゃ？

太陽みたいに自分で光を出している「恒星」は
火の玉みたいなものにゃ。今にもばく発しそうにゃ……。

答えはどれだと思う？ 次の3つの中から選んでね。

1 本当にゃ。古い本にも書かれているにゃ。

2 本当にゃ。大昔に月もばく発したにゃ。

3 うそにゃ。アニメや小説での話にゃ。

答えは次のページ ➡

1 本当にゃ。日本の古い本にも、書かれているにゃ。

　太陽より8倍以上重い大きな星は、最後に巨大化して「超新星爆発」というばく発を起こします。超新星爆発は、毎年数十回起こっています。しかし、銀河系（太陽系のある星のまとまり）だけで起きているわけではないので、気づかないことも多くあります。ばく発前は光が弱くてほとんど見えなかった星が、超新星爆発のとき、明るく光を放つことはよくあります。

　このような記録は日本の古い本にもあり、1054年におうし座で明るい星があらわれたと書かれています。これは、かに星雲の超新星爆発のことです。アメリカ・アリゾナ州のどうくつにも、先住民の残した絵があります。

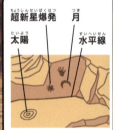

アメリカ・アリゾナ州のどうくつにかかれた超新星爆発の絵。

超新星爆発をした天体はたくさん見つかっているにゃ。しかも、ある種の超新星は、最大の明るさが一定なので、それを利用してほかの天体までの距離をはかるときに使われているにゃ。

写真：NASA

| 月 | 太陽系・銀河系 | その他の天体 | 宇宙全体 | 星座 | **探査・開発** |

ぎもん 77

探査機「はやぶさ」は何をしてきたにゃ？

日本で開発され、打ち上げられた探査機「はやぶさ」は、宇宙で何をしてきたにゃ？

答えはどれだと思う？ 次の3つの中から選んでね。

1 月から岩石をもち帰ったにゃ。

2 火星に着陸して、探査を行ったにゃ。

3 小惑星に行き、すなつぶなどを採集したにゃ。

159　答えは次のページ ➡

答え 3 「はやぶさ」は小惑星からすなつぶなどをもち帰ったにゃ。

　2003年に打ち上げられた小惑星探査機「はやぶさ」は、2年4か月かけて「イトカワ」という小惑星にとう着しました。いろいろな角度から写真を撮影したり、表面のすなつぶを採集したりして地球に持ち帰りました。月以外の天体の岩石を持ち帰ったのは、世界初のことでした。
　さらに2018年6月に「はやぶさ2」が小惑星「リュウグウ」にとう着し、同じようにすなや岩石のかけらをカプセルに入れて地球にとどけました。「はやぶさ」は地球の大気圏でもえつきましたが、「はやぶさ2」は、いまも宇宙の探査を続けています。
　「はやぶさ」のおかげで、太陽系の研究が大きく進歩しました。

小惑星イトカワ
©JAXA
100 m

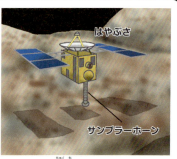

はやぶさ
サンプラーホーン

↑イトカワに着地するはやぶさ。サンプラーホーンという装置で岩石のかけらを採集することに成功した。

「はやぶさ2」が地球にとどけたカプセルの中には、リュウグウの大気や、アミノ酸が入っていたにゃ。これらは、太陽系の歴史を研究するうえで、とても大切な発見にゃ。

写真:JAXA/絵:池下章裕

| 月 | 太陽系・銀河系 | その他の天体 | 宇宙全体 | 星座 | 探査・開発 |

ぎもん 78

冥王星は、なぜ太陽系の惑星でなくなったにゃ？

太陽のまわりを回る天体を惑星というにゃ。
冥王星は2006年から太陽系の惑星ではなくなったにゃ。

答えはどれだと思う？ 次の3つの中から選んでね。

1 太陽系の外へ飛んでいったからにゃ。

2 同じサイズの天体はほかにも多いからにゃ。

3 太陽のまわりを回っていなかったからにゃ。

答えは次のページ ➡

答え
2 冥王星サイズの天体は、まわりに多くあるからにゃ。

　2006年に国際天文学連合総会という会で、太陽系の惑星とは何かが改めて決められました。それは、①太陽のまわりを回っている。②十分重く、重力が強いため丸い。③周辺でひときわ大きくて、同じような大きさの天体がない、の3つです。

　冥王星は③に当てはまりませんでした。実は1992年以降、冥王星のまわりに、同じような大きさの天体が1000こ以上も見つかりました。さらに2003年には、冥王星より大きいエリスという天体まで発見されたのです。

　冥王星は惑星ではなくなりましたが、①と②には当てはまるので、準惑星とされています。

冥王星、ケレス、エリスは準惑星。

2006年に探査機「ニュー・ホライズンズ」が打ち上げられ、2015年に冥王星にとう着したにゃ。初の本格的な観測の結果、表面には氷でおおわれた平原や、山脈、氷河などの地形があることがわかったにゃ。

写真：NASA

ぎもん 79

青色や赤色の星が あるのはなぜにゃ？

星って、よく見るとそれぞれ色がちがうにゃ。
どうしてちがうにゃ？

答えはどれだと思う？ 次の3つの中から選んでね。

1 星にある水分の量がちがうからにゃ。

2 表面のすなと土の量がちがうからにゃ。

3 星の表面の温度がちがうからにゃ。

答えは次のページ ➡

3 星の表面温度のちがいで色が変わるにゃ。

　星は表面の温度によって、ちがう色に見えます。表面の温度が高いと青っぽい色に見えて、低いと赤っぽい色に見えます。青っぽい色の星は表面温度が2万度以上になるものもあります。黄色い星は6000度くらい、赤っぽい星は3000度くらいです。

　電気オーブンやトースターは、熱し始めるとまず赤い色を出し、だんだん温度が上がるとオレンジ色になります。それと同じです。

　青っぽい星のほとんどは、わかい星です。赤っぽい星は年をとってじゅみょうが近づいた星です。

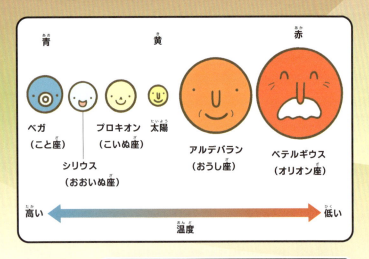

現在、太陽は黄色っぽい星で、表面温度は約6000度と考えられているにゃ。でもまぶしいから、色はあまりわからないにゃ。目をいためるから、直接見てはだめにゃ。

| 月 | 太陽系・銀河系 | その他の天体 | 宇宙全体 | 星座 | 探査・開発 |

ぎもん 80

金環日食と皆既日食は何がちがうにゃ？

日食は、月が太陽の光をさえぎってしまうことにゃ。
この2つは同じ日食でも何がちがうにゃ？

答えはどれだと思う？　次の3つの中から選んでね。

1 見かけの月の大きさがちがうにゃ。

2 見える季節がちがうにゃ。

3 言い方がちがうだけでまったく同じにゃ。

165　答えは次のページ ➡

1 見かけの月の大きさが大きいと皆既日食にゃ。

　日食は、地球と太陽の間に月が入り、一直線にならんだときに起こります。金環日食と皆既日食のちがいは、月がどのくらい太陽をかくすかです。月は地球のまわりを、だ円をえがいて回っています。だから月は場所によって地球に近くなったり、遠くなったりしています。そして地球に近いときは大きく見え、遠いときは小さく見えます。日食のとき、月が地球に近いと大きく見えるため、太陽を全部さえぎってしまいます。これが皆既日食です。いっぽう月が地球から遠いときは、太陽の方が月より大きく見えるため、月のまわりからリングのように太陽がはみ出します。これが金環日食です。

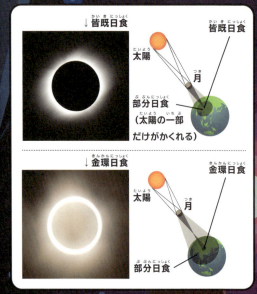

↓皆既日食

皆既日食
太陽
月
部分日食
（太陽の一部だけがかくれる）

↓金環日食

金環日食
太陽
月
部分日食

太陽は月の約400倍あるけど、地球からは、月とほぼ同じ大きさに見えるにゃ。それは太陽が月の約400倍遠いところにあり、見かけの大きさがほぼ同じになるからにゃ。

写真：NASA

| 月 | 太陽系・銀河系 | **その他の天体** | 宇宙全体 | 星座 | 探査・開発 |

ぎもん 81

「星雲」は、本当に星が雲のように集まってるにゃ？

星雲というと、もやもやっとした雲が宇宙にかかってる写真をよく見るにゃ。あれは星かにゃ？

答えはどれだと思う？ 次の3つの中から選んでね。

1 本当にゃ。小さな光る星のまとまりにゃ。

2 うそにゃ。ガスやちりの集まりにゃ。

3 うそにゃ。星の形をした雲のことにゃ。

答えは次のページ ➡

2 うそにゃ。星雲の正体はガスやちりの集まりにゃ。

星雲は、宇宙空間にガスやちりが集まっているところです。そこに星からの光が当たって、まるで雲のように見えているのです。

ガスやちりがおたがいの引力で引かれ合ってぶつかり合い、星が生まれます。生まれた星の光でかがやく星雲を「散光星雲」といいます。光っている星を、こいガスやちりがさえぎるために、黒いあなのように見える星雲は「暗黒星雲」といいます。暗黒星雲の中でも星が生み出されています。ほかには「惑星状星雲」があります。これは星がもえつきるとき、ガスやちりが外側へ広がったものです。星にも一生があります。生まれるときと、死ぬときに、星雲となっています。

↑暗黒星雲

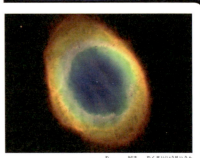

↑リング（環）の形の惑星状星雲

暗黒星雲の中では、重力によって物質が1か所に集まり、高い温度と圧力がかかることで新しい星が生まれているにゃ。そのため、「星のゆりかご」といわれているにゃ。

写真：NASA

| 月 | 太陽系・銀河系 | その他の天体 | 宇宙全体 | **星座** | 探査・開発 |

ぎもん 82

星座の星同士は本当に近くにあるにゃ？

伝説の英ゆうや動物などの形にならんだ星座。
宇宙でもその形どおりにならんでいるのかにゃ？

答えはどれだと思う？　次の3つの中から選んでね。

1 うそにゃ。星同士のきょりはばらばらにゃ。

2 だいたい近くにならんでいるにゃ。

3 形どおり、本当に近くにあるにゃ。

答えは次のページ ➡

1 星同士のきょりは、本当はいろいろにゃ。

　星座を形づくる星は近くにあって、英ゆうや動物などの形にならんでいるように見えますが、実は宇宙の中では近くにはありません。
　夜空は1まいの黒い画用紙のように平らに見えます。これを「天球」といいます。同じ星座の星は、天球上でとなり合わせに見えているだけなのです。地球からそれぞれの星までのきょりも、それぞれの星によって全然ちがいます。

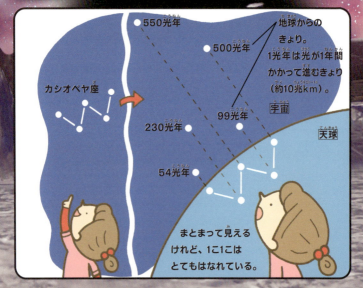

ふたご座の2つの星、カストルとポルックスは、ふたごが頭を近づけているかのように見えるにゃ。でも星と星の間のきょりは20光年（約200兆km）以上もはなれているにゃ。

| 月 | 太陽系・銀河系 | その他の天体 | 宇宙全体 | 星座 | **探査・開発** |

ぎもん 83

ロケットは何のために打ち上げるにゃ？

日本からも打ち上げられているロケットは、何のために宇宙に旅立っていくにゃ？

答えはどれだと思う？ 次の3つの中から選んでね。

1 人工衛星や宇宙飛行士を運ぶためにゃ。

2 太陽のうら側をさぐるためにゃ。

3 どこまで飛べるか試すためにゃ。

答えは次のページ

1 人工衛星や宇宙飛行士を運ぶためにゃ。

　ロケットは、宇宙に人工衛星や宇宙船などを運ぶための乗り物です。人工衛星や宇宙船だけでは、宇宙に飛び立つことはできません。宇宙へ行くには、地球の引力をふりきるだけの大きな力が必要です。だから、ロケットは高性能のエンジンをもち、たくさんの燃料を積みこめるようになっています。

　ロケットは、先につけた「フェアリング」という、じょうぶな容器に人工衛星などを入れています。飛んでいる最中に、空になった燃料タンクを次つぎと切りはなしていき、最後にはフェアリングだけになります。そして、人工衛星などを目的の場所に運んだときには、ロケットのすがたはなくなっているのです。

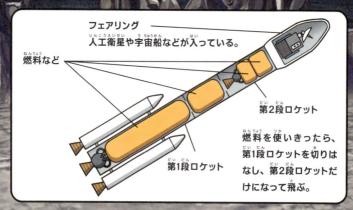

フェアリング
人工衛星や宇宙船などが入っている。

燃料など

第2段ロケット

燃料を使いきったら、第1段ロケットを切りはなし、第2段ロケットだけになって飛ぶ。

第1段ロケット

役目が終わって切りはなされたロケットの燃料タンクやフェアリングは、地球上に落ちるにゃ。それらは回収されて、再利用されることもあるにゃ。

| 月 | 太陽系・銀河系 | その他の天体 | 宇宙全体 | 星座 | 探査・開発 |

ぎもん 84

なぜ宇宙へは飛行機で行けないにゃ？

宇宙へはロケットで行くけれど、飛行機では行かないのはなんでにゃ？

答えはどれだと思う？ 次の3つの中から選んでね。

1 飛行機は荷物を多く積めないからにゃ。

2 飛行機はロケットよりおそいからにゃ。

3 飛行機はまっすぐ飛ばないからにゃ。

173　答えは次のページ ➡

2 ロケットのスピードがないと宇宙へ行けないからにゃ。

　宇宙へ行くには、乗り物を時速2万8440km以上の速さで発射しなくてはなりません。これはジェット機の速さの約35倍です。それよりおそいと、地球の引力をふりきって宇宙へ行くことができません。そのスピードを出せるのが飛行機ではなくロケットというわけです。

　ロケットは、燃料をもやしてできたガスを、いきおいよくふき出し、その反動で飛びます。ものが「もえる」とは、ものが酸素とはげしく結びつくことです。でも宇宙には空気がないので酸素もありません。だからロケットには、たくさんの酸素も積まなければなりません。ロケットの重さの90%は、燃料と酸素です。

飛行機が飛べるのは空気があるからにゃ。つばさの下側の空気が飛行機の機体をおし上げるにゃ。だから、空気のない宇宙では、飛行機は飛べないにゃ。

ぎもん 85

「引力」って何にゃ?

引力って言葉、聞いたことあるかにゃ?
「引く力」と書くけど、何が何を引く力なのかにゃ?

答えはどれだと思う? 次の3つの中から選んでね。

1 つな引きで、つなを引っぱり合う力にゃ。

2 引き合ったものをはなす力にゃ。

3 ものとものが、引き合う力にゃ。

答えは次のページ ➡

3 引力とは、すべてのものとものが引き合う力にゃ。

　ふだんは気がつきませんが、この世界のすべてのものは引っぱり合っています。これが「引力」です。ものが落ちるのも、丸い地球にわたしたちが立っていられるのも、おたがいが引力で引き合っているからなのです。

　いっぽう、回転しているものには「遠心力」という、外側へ向かおうとする力が働きます。地球は約24時間で1回転する天体です。そのため、やはり遠心力が働いています。でも引力の方がずっと強いので、わたしたちは地球から放り出されないでいられるのです。

　天体はふつう回転しているので、引力から遠心力を引いた力が、実際の天体の引力になります。これを「重力」とよんでいます。

すべてのものは引き合っている（引力）。

回転しているものには、外側へ向かう力が働く（遠心力）。

地球は回転しているので、遠心力も働いている。

引力から遠心力を引いた力が実際に働いている（重力）。

1665年、イギリスのアイザック・ニュートンが、木から地上に落ちるリンゴと、空から落ちてこない月を見て、考えをおしすすめたことによって、「万有引力の法則」を発見したといわれているにゃ。

| 月 | 太陽系・銀河系 | その他の天体 | 宇宙全体 | 星座 | 探査・開発 |

ぎもん 86

月のもようの黒っぽいところは何にゃ？

夜、月をながめると表面に黒っぽいもようが見えるにゃ。あれって何にゃ？

答えはどれだと思う？ 次の3つの中から選んでね。

1 地球とぶつかったあとにゃ。

2 昔、マグマがふき出したあとにゃ。

3 昔生えていた植物がかれたあとにゃ。

177　答えは次のページ ➡

答え 2 月のもようの黒いところは、マグマが固まったあとにゃ。

　月を見ると、黒っぽくて暗いところと、白っぽくて明るいところがあります。これは、月の地面の色がちがうからです。黒いところは、「玄武岩」という黒っぽい岩石でおおわれています。月ができたころ、大きないん石がぶつかって「クレーター」というくぼみができました。そのとき、地表がひびわれて、内部からどろどろのマグマがふき出しました。これは主に玄武岩が高温でとけたものです。そのマグマが冷えて固まって黒くなったのです。この黒いところは、水がないけれど「海」といわれています。白っぽく見えるところは、「斜長岩」という白い岩石でおおわれていて、「月の高地」といわれています。月にはたくさんの山脈もあります。

大きないん石がぶつかって地表がひびわれた。

地下のマグマが、ひびにそって上ってきた。

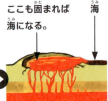

ここも固まれば海になる。／海

あふれ出したマグマが、固まって黒くなった。これを「海」という。

月のもようを、日本では「もちをつくウサギ」と表現するにゃ。南ヨーロッパでは「カニ」、アラビアでは「ほえるライオン」、北アメリカでは「女性の横顔」というにゃ。

| 月 | 太陽系・銀河系 | その他の天体 | 宇宙全体 | 星座 | 探査・開発 |

ぎもん 87

地球の自転速度がおそくなってるのはなぜにゃ？

地球の自転速度は常に一定なわけではないにゃ。
何かの影響で変わってきているにゃ！

答えはどれだと思う？　次の3つの中から選んでね。

1 太陽が大きくなってるからにゃ。

2 地球が小さくなってるからにゃ。

3 月が地球から遠ざかってるからにゃ。

答えは次のページ ➡

3 月が遠ざかると、地球の自転速度がおそくなるにゃ。

　地球と月との間には「潮汐力」という力が働いていて、この力によって地球の自転速度が決まります。地球と月とのきょりが変わると、地球の自転速度も変化します。数十億年前、月と地球のきょりがもっと近かった頃には、地球の自転速度はわずか6時間と、とても速かったと考えられています（→16ページ）。

　その後、月が少しずつ地球からはなれ、今のように24時間になりました。このように自転速度は少しずつ変わるので、ずれた分の時間は「うるう秒」とよばれる「1秒」を足して調整しています。しかし、情報化が進んだ現在では、1秒の間に大量のデータなどがやり取りされているため、将来的に「うるう秒」は廃止されることが決まっています。

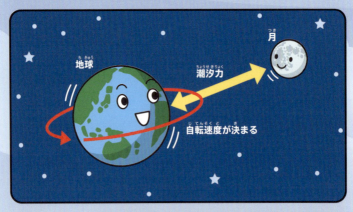

地球の自転速度は、平均すると1日に約1000分の1秒ずれているにゃ。これが積み重なると、3年で約1秒になるにゃ。

| 月 | 太陽系・銀河系 | その他の天体 | 宇宙全体 | 星座 | **探査・開発** |

ぎもん 88

最も高性能な天体望遠鏡はどこにあるにゃ？

天体の観察には天体望遠鏡が欠かせないにゃ。
今、一番遠くまで見られる天体望遠鏡はどこにあるにゃ？

答えはどれだと思う？ 次の3つの中から選んでね。

1 宇宙にあるにゃ。

2 ネパールの高い山の上にあるにゃ。

3 太平洋の真ん中にあるにゃ。

答えは次のページ ▶

1 地球の外側にある、宇宙望遠鏡が活躍しているにゃ。

　宇宙望遠鏡は、地球の大気の影響を受けない場所から、より鮮明に宇宙の様子をとらえるために開発されました。現在、最も遠い宇宙を見ることができるのは「ジェームズ・ウェッブ宇宙望遠鏡」です。アメリカのNASAが中心になって開発した望遠鏡で、2021年12月25日に打ち上げられました。「ジェームズ・ウェッブ宇宙望遠鏡」の目標の1つは、宇宙で一番最初に誕生した天体（ファーストスター）を探すことです。現在までに、これまでの望遠鏡では見えなかったところまではっきりうつった、たくさんの美しい写真を撮影するなど、すでに多くの成果をあげています。

ジェームズ・ウェッブ宇宙望遠鏡のイメージと、ジェームズ・ウェッブ宇宙望遠鏡が撮影した、銀河団SMACS J0723.3-7327。

ジェームズ・ウェッブという名前は、NASAの第2代目長官の名前にちなんでいるにゃ！

写真：NASA, ESA, CSA, and STScI

この書籍は、弊社より発刊した「なぜ?どうして?宇宙のふしぎNEWぎもんランキング」に加筆修正を加え、再編集して製作したものです。

【監修】　ポノス株式会社
　　　　　渡部潤一
【編集協力】　美和企画(笹原依子)
【解説イラスト・写真提供】　池下章裕　入澤宣幸(λプロダクション)
　　　　　　　　　　　　　　岡村治栄　川下隆　柴田亜樹子
　　　　　　　　　　　　　　NASA　JAXA　アフロ　PIXTA
　　　　　　　　　　　　　　Science Photo Library/ユニフォトプレス
　　　　　　　　　　　　　　※その他の画像提供先は画像付近に記載
【装丁・デザイン】　須賀祐二郎(ma-h gra)
【DTP】　株式会社アド・クレール
【校正】　遠藤理恵　鈴木進吾(合同会社シンゴ企画)

なぜ?がわかる!にゃんこ大戦争クイズブック～宇宙のぎもん編～

2025年4月22日　第1刷発行

発行人　　川畑勝
編集人　　高尾俊太郎
企画編集　栗林峻
発行所　　株式会社Gakken
　　　　　〒141-8416　東京都品川区西五反田2-11-8
印刷所　　株式会社DNP出版プロダクツ

この本に関する各種お問い合わせ先
本の内容については、下記サイトのお問い合わせフォームよりお願いします。
https://www.corp-gakken.co.jp/contact/
在庫については　Tel 03-6431-1197(販売部)
不良品(落丁、乱丁)については　Tel 0570-000577
学研業務センター　〒354-0045 埼玉県入間郡三芳町上富 279-1
上記以外のお問い合わせは　Tel 0570-056-710(学研グループ総合案内)

184P　18.2cm×12.8cm
©PONOS Corp.
©Gakken
ISBN 978-4-05-206109-7　C8044
本書の無断転載、複製、複写(コピー)、翻訳を禁じます。
本書を代行業者等の第三者に依頼してスキャンやデジタル化することは、たとえ個人や家庭内の利用であっても、
著作権法上、認められておりません。

学研グループの書籍・雑誌についての新刊情報・詳細情報は、下記をご覧ください。
学研出版サイト　https://hon.gakken.jp/

宇宙クイズに勝利!

88問中いくつできたかな?

SCORE /88点